天津市安装工程预算基价

第四册 炉窑砌筑工程

DBD 29-304-2020

天津市住房和城乡建设委员会

天津市建筑市场服务中心 主编

中国计划出版社

目　录

第七章　不定形耐火材料

第八章　辅　助　项　目

附　　录

册 说 明

一、本册基价包括冶金炉窑、有色金属炉窑、化工炉窑、建材工业炉窑、其他炉窑、一般工业炉窑、不定形耐火材料、辅助项目8章,共728条基价子目。

二、本册基价适用于新建、扩建和技改项目中的各种工业炉窑耐火与隔热砌体工程(其中蒸汽锅炉只限于蒸发量75t/h以内的中小型蒸汽锅炉的砌筑工程),不定形耐火材料内衬工程和其他项目工程。

三、本册基价以国家和有关工业部门发布的现行产品标准、设计规范、施工及验收规范、技术操作规程、质量检验评定标准和安全操作规程为依据。

四、本册基价的工作内容除各章已说明的工序外,工业炉砌筑工程包括的工序有:砌筑地点的清扫、放线、做标记、立线杆、材料运输(包括装卸、码垛)、泥浆搅拌(包括添加剂或掺合料中的困料)、演砖、砌筑(或大块砌筑体安装)、临时砖加工、勾缝、质量自检、清废外运等,如果是不定形耐火材料施工,还包括喷涂、浇注、捣打、养护、涂抹、贴挂、紧固与支模脱模等工序。

五、本册基价的其他说明:

1.本册基价的编制格局,对常用的专业炉项目系采取按综合扩大、简明适用的原则进行编制,即不分部位、不分造型、不分结构、不分砌体类别,以主要工序带次要工序,通过有代表性的典型工程加权平均测算取定的。在取定的基价含量中已包括选砖、预砌筑、集中砖加工、二次勾缝与吹风清扫等次要工序含量,而列入一般(通用)工业炉的项目仍保持解体结构内容,在使用中不得混淆。

2.本册基价中磨、切砖机所需碳化硅砂轮、碳化硅砂轮片和金刚石砂轮片的消耗量,已列入基价材料栏中。

3.本册基价中已明确规定的砌体类别按规定执行,未规定砌体类别的适用于各类砌体。

4.本册基价规定的火泥牌号和品种与设计要求不符时,允许进行换算,但基价消耗量和损耗率均不得调整。

5.焦炉的施工大棚搭拆与焦炉烘炉、热态三项工程,按摊销比例和系数包干的方法计算,详见章说明与工程量计算规则。

6.本册基价以炉底标高为炉内垂直运输基准面。

六、下列项目按系数分别计取:

1.脚手架措施费按分部分项工程费中人工费的4%计取,其中人工费占35%。

2.安装与生产同时进行降效增加费按分部分项工程费中人工费的10%计取,全部为人工费。

3.在有害身体健康的环境中施工降效增加费按分部分项工程费中人工费的10%计取,全部为人工费。

4.各专业炉工程的操作高度增加费在基价含量中已综合考虑。但在一般(通用)工业炉窑和钢结构烟囱内衬喷涂工程,施工高度超过40m的工程,超过部分按人工费和机械费分别乘以系数0.30计取操作高度增加费。

七、本册基价如涉及土方开挖、回填、运输,参照《天津市建筑工程预算基价》DBD 29-101-2020相应子目。

八、凡属炉体外烟道(按烟道第一条沉降缝分界),烟囱的砌筑和保温工程,参照《天津市建筑工程预算基价》DBD 29-101-2020相应子目。

九、属于炉体外的管道的保温、绝热工程参照本基价第十一册《刷油、防腐蚀、绝热工程》DBD 29-311-2020相应子目。

十、在炉窑砌体中需要安装仪表、烧嘴、看火孔和其他埋设件,参照本基价第十册《自动化控制仪表安装工程》DBD 29-310-2020及第五册《静置设备与工艺金属结构制作安装工程》DBD 29-305-2020相应子目。

十一、蒸发量75t/h以上的蒸汽锅炉炉墙及保温工程,参照本基价第三册《热力设备安装工程》DBD 29-303-2020相应子目。

十二、炉窑金具是指直接焊到金属炉壳上的小型零星工艺金属构件,起到拉固、挂吊、支撑与紧固不定形耐火材料或毡垫的作用。砌体内的埋设件与挂砖吊钩、护炉金属结构件,参照本基价第五册《静置设备与工艺金属结构制作安装工程》DBD 29-305-2020相应子目。

第一章　冶金炉窑

说　　明

一、本章适用范围：各种冶金专业炉窑的砌筑工程。

二、本章基价中的冶金炉窑子目，已综合了因砌筑部位不同、造型结构不同、配用砖型不同、砌体质量类别不同及砌筑方法不同而造成的差异因素。

三、本章基价各子目包括下列工作内容：砌筑地点的清扫与准备、放线、做标记、立线杆、材料的运输装卸、码垛、泥浆搅拌（包括添加剂中和）、砌筑（或吊装）、临时磨、切砖（含手加工）、原浆勾缝、质量自检与清废外运。此外还综合扩大了在砌筑（或吊装）前的选砖、预砌筑、集中砖加工、二次勾缝、吹风清扫或吸尘等次要工序。

四、本章基价各子目不包括下列工作内容：专业炉窑的烟道砌体工程、不定形耐火材料与辅助工程，如有发生时可分别执行本册基价第六～八章中的相应基价子目。

五、本章需要说明的问题：

1.熄焦罐：

(1)熄焦罐子目中已综合包括了熄焦罐罐体、除尘器、管道与余热锅炉等系列工程。

(2)熄焦罐锥形炉顶，如设计采用标准型耐火砖或隔热砖作内衬时，所发生的改型加工费用可根据批准的施工方案另行计算。

2.高炉：

(1)高炉子目包括炉本体、热风炉、热风管、上升管、下降管、除尘器与铁渣沟等系列工程。热风炉烟道参照本册基价第六章一般工业炉窑相应子目。

(2)基价中已考虑高炉、热风炉某些部位使用大型组合砖的因素，但未包括组合砖因采用毛坯由母砖通过金刚石磨砖机加工组装成子砖的消耗，发生时可按批准的施工方案另行计算。

(3)高炉系统工程施工中采用的大型吊盘，发生时可按批准的施工方案另行计算。

(4)管式热风炉参照本册基价第六章一般工业炉窑相应子目。

3.鱼雷形混铁车基价中已考虑了鱼雷形混铁车的特异造型所造成的砖加工因素（包括机械和手工），执行中不得调整。

4.炼钢转炉安装如设计采用有效使用期的大型白云石砌块作内衬时，其发生的密闭式金属集装箱开封所需人工、材料、机械可按批准的施工方案另行计算。

5.环形加热炉基价不包括金具件制作、安装，发生时参照本册基价第八章辅助项目相应基价子目计算。环形加热炉基价也适用于环形退火炉。

6.罩式热处理炉基价未编入贴挂耐火纤维毡板子目，发生时参照本册基价第八章辅助项目相应基价子目计算。

7.焦炉（包括蓄热室分格焦炉）：

(1)焦炉子目中已综合包括了二次勾缝、吹风清扫或吸尘、镶铁件等次要工序的人工、材料、施工机械台班消耗量。

(2)大中型焦炉炉体施工垂直运输均按桥式吊车考虑，如实际施工采用卷扬机或其他方式运输时一律不得调整。

(3)焦炉施工大棚的搭拆、烘炉与热态三项工程，另订有统一的计算办法及包干系数，发生时可参照执行。详见本章工程量计算规则。

8.电炉基价已考虑电极孔砖加工因素，与耐火砖改型的损耗。

9.步进式加热炉：

（1）基价未包括步进式加热炉烘炉前的可塑料的修整养护工作。

（2）步进式加热炉附属金属烟囱耐火喷涂工程,参照本册基价第七章不定形耐火材料相应子目。

10.均热炉烟道工程执行本册基价第六章一般工业炉相应子目,均热炉换热室碳化硅管砖接头加工基价已包括在内。

工程量计算规则

一、冶金炉窑：依据不同冶金炉窑的种类，材料名称、型号和材料部位分别按设计图示尺寸以体积计算。计算时应注意下列规定：

1. 焦炉、均热炉所有孔洞，不论大小，所占体积应扣除。

2. 当设计要求红砖、硅藻土、隔热砖、漂珠砖需做改型加工时，按改型后的实体计算。

3. 凡设计要求采用母砖加工成子砖后，组装成结合砖的高炉与热风炉各部位，其工程量按加工后实体计算。

4. 混铁车的受铁口、出铁口所占体积计算时应扣除。罐底凸出斜坡按平均值计算。

5. 电炉熔池反拱底垫层工程量按平均厚度计算。

6. 采用加工砖形成的看火孔、窥视孔计算时可不扣除。

7. 采用砖加工或浇注料为金属拉固件或锚固件所预留的沟缝及胀缝可不扣除。

8. 高炉炭捣压下量按45%计算。

9. 热风炉一般耐火喷涂回弹率按45%计算，球顶和联络管按55%计算。

10. 高炉内吊盘工程量按炉内最大直径处计算。

二、焦炉烘炉、热态工程计取办法：

焦炉烘炉、热态工程费用是指焦炉砌筑后烘炉及达到燃烧状态所需费用。

计取方法：

1. 凡炭化室高度为2.7m以下焦炉，其烘炉、热态工程费用，按焦炉本体砌筑工程直接费的8%计取。

2. 凡炭化室高度为2.7m以上、4.3m以下的焦炉，其烘炉、热态工程费用，按焦炉本体砌筑工程直接费的6%计取。

3. 凡炭化室高度为4.3m以上的焦炉，其烘炉、热态工程费用，按焦炉本体砌筑工程直接费的4%计取。

三、纳入焦炉烘炉及热态工程包干系数内的项目明细如下：

1. 炭化室高度在2.7m以下的焦炉包括：小烘炉砌红砖、小烘炉铺石英砂、小烘炉、封墙、火床砌黏土质耐火砖、铁板风挡、抵抗墙正后面砌黏土质耐火砖、烘炉孔安塞子砖、重砌小炉头、烘炉烟囱。保护板灌浆、小炉头灌浆、炉顶灌浆、磨板砖缝灌浆、炉顶表面精整。蓄热室封墙刷浆、炭化室封墙、废气瓣与小烟道刷涂料、弯管连接处。上升管管座、桥管管口、保护板底石棉绳密封、炉体正面胀缝石棉绳密封、抵抗墙正面胀缝石棉绳密封、炭化室封墙边、蓄热室封墙边石棉绳密封、保护板与炉肩、保护板与炉门框、装煤口、上升管口临时勾缝、密封、保护板防水层、拉条沟浇注料、炉顶吹风清扫、小烘炉。火床拆除、废物外运。

2. 炭化室高度4.3m以下的焦炉包括：烘炉火床铺石英砂、烘炉火床砌黏土质耐火砖、烘炉小灶砌红砖、黏土质耐火砖、烘炉烟囱砌红砖、炭化室封墙砌黏土质耐火砖、装煤孔盖周围泥浆密封、烘炉小灶挡风板、保护板防水层、炉端墙正面砌黏土质耐火砖、小炉头砌红砖、黏土质耐火砖、烘炉孔堵塞子砖、炉顶拉条沟砌盖砖、炉顶、小炉头、保护板灌浆、炉顶拉条沟吹风清扫、炉体正面二次勾缝、炭化室底磨板灌浆、端墙正面胀缝石棉绳严密并抹灰、斜道正面胀缝石棉绳严密、炉顶正面胀缝石棉绳严密。保护板上部接头与底部石棉严密、小烟道承插口处石棉绳严密并抹灰。废气瓣与烟道弯管连接处石棉绳严密并抹灰、上升管底座石棉绳严密并抹灰、桥管与水封阀连接处严密并抹灰、蓄热室隔热罩安装后石棉绳密封、保护板与炉肩、保护板与炉门框间勾缝、炉顶横拉条沟填隔热浇注料、炉顶纵拉条沟砂浆找平、蓄热室、炭化室封墙刷浆、拆除烘炉、火床、水灶及烟囱、拆除炭化室封墙、临时小炉头防水层、废物外运。

3.炭化室高度在4.3m以上、6m以下的焦炉包括：烘炉火床铺石英砂砌黏土质耐火砖、烘炉小灶及烟囱砌筑、装煤孔盖周围灰浆密封、保护板做防水层、炉端墙正面砌黏土质耐火砖、蓄热室封墙砌黏土质耐火砖、小炉头砌黏土质耐火砖、炉门、烘炉孔堵塞子砖。炉顶表面缸砖重砌、炉顶拉条沟砌盖砖、炉顶灌浆、小炉头灌浆、保护板灌浆、砖煤气道灌浆、炭化室磨板灌浆、炉顶拉条沟、保护板灌浆孔、砖煤气道等部位吹风清扫二次勾缝、端墙正面胀缝石棉严密后抹灰。斜道正面胀缝石棉绳严密、炉顶正面胀缝石棉绳严密、保护板接头处。底部、小烟道与废衬管与衬管，衬管与废气瓣，废气瓣与烟道弯管连接处石棉绳严密后抹灰、上升管底座石棉绳密封后抹灰、桥管与水封阀连接处密封、蓄热室隔热罩安装后石棉绳密封、测温、测压孔四周石棉绳严密后抹灰、炉肩与保护板、保护极与炉门框间勾抹严密、炉底下喷管四周勾缝抹灰、横拉条沟填隔热浇注料、纵拉条沟填耐火浇注料、拆除烘炉火床、小灶及烟囱、拆除临时小炉头及防水层。除此之外，在以上三个不同系列的焦炉烘炉热态工程中，还应包括热态作业的特殊劳保消耗。

四、烘炉热态工程项目划分比例见下表。

焦炉烘炉热态工程包干系数表

序 号	炭 化 室 高 度	包 干 系 数（以分部分项工程费为计算基数）			
		合 计	烘 炉 工 程	热 态 工 程	热 态 劳 保
1	2.7m以下焦炉	8.00%	1.55%	4.45%	2.00%
2	2.7m以上4.3m以下焦炉	6.00%	1.45%	3.41%	1.14%
3	4.3m以上6m以下焦炉	4.00%	0.29%	3.02%	0.69%

一、炼焦炉
1.炭化室高3.3m以下焦炉

编　号			4-1	4-2	4-3	4-4	4-5	4-6	4-7	4-8	4-9
项　目			红砖 (m³)	硅藻土隔热砖 (m³)	黏土质耐火砖 (m³)	硅砖 (m³)	高铝砖 (m³)	缸砖 (m³)	红柱石砖 (m³)	堇青石砖 (m³)	格子砖 (t)
预算基价	总　　价(元)		**826.71**	**763.90**	**1572.95**	**1678.40**	**2035.29**	**1554.73**	**2230.11**	**1549.15**	**349.63**
	人工费(元)		581.85	484.65	1210.95	1224.45	1539.00	997.65	1641.60	1159.65	280.80
	材料费(元)		121.16	180.06	188.97	298.35	277.48	351.94	349.51	229.06	3.38
	机械费(元)		123.70	99.19	173.03	155.60	218.81	205.14	239.00	160.44	65.45
组　成　内　容	单位	单价					数　　量				
人工 综合工	工日	135.00	4.31	3.59	8.97	9.07	11.40	7.39	12.16	8.59	2.08
红砖	千块	—	(0.546)	—	—	—	—	—	—	—	—
硅藻土隔热砖 GG-0.7	t	—	—	(0.639)	—	—	—	—	—	—	—
黏土质耐火砖 N-2a	t	—	—	—	(2.06)	—	—	—	—	—	—
硅砖 JG-94	t	—	—	—	—	(1.845)	—	—	—	—	—
高铝砖 LZ-65	t	—	—	—	—	—	(2.538)	—	—	—	—
缸砖	t	—	—	—	—	—	—	(2.119)	—	—	—
红柱石砖	t	—	—	—	—	—	—	—	(2.696)	—	—
堇青石砖	t	—	—	—	—	—	—	—	—	(1.99)	—
格子砖	t	—	—	—	—	—	—	—	—	—	(1.023)
黏土质耐火泥 NF-40细粒	kg	0.52	200	60	220	—	—	400	—	—	—
硅酸盐水泥 42.5级	kg	0.41	40	—	—	—	—	190	—	—	—
水	m³	7.62	0.10	0.06	0.18	0.13	0.27	0.08	0.08	0.08	—
硅藻土粉 熟料 120目	kg	1.06	—	140	—	—	—	—	—	—	—
油毛毡 400g	m²	2.57	—	—	0.35	0.35	0.35	0.35	0.35	0.35	—

续前

编　号			4-1	4-2	4-3	4-4	4-5	4-6	4-7	4-8	4-9
项　目			红砖 （m³）	硅藻土 隔热砖 （m³）	黏土质 耐火砖 （m³）	硅砖 （m³）	高铝砖 （m³）	缸砖 （m³）	红柱石砖 （m³）	堇青石砖 （m³）	格子砖 （t）
组　成　内　容	单位	单价	数　　量								
材 料	木板	m³	1672.03	—	—	0.03	0.03	0.03	0.03	0.03	0.03	—
	发泡苯乙烯	kg	20.02	—	—	0.2	0.2	0.2	0.2	0.2	0.2	—
	镀锌薄钢板 δ0.8～1.0	t	4396.11	—	—	0.00024	0.00024	0.00024	0.00024	0.00024	0.00024	—
	型钢	t	3699.72	—	—	0.0011	0.0011	0.0011	0.0011	0.0011	0.0011	—
	水玻璃	kg	2.38	—	—	3.5	—	—	—	—	—	—
	油纸	m²	2.86	—	—	0.51	0.51	0.51	0.51	0.51	0.51	—
	碳化硅砂轮 D290×185	个	131.53	—	—	0.021	0.020	0.022	0.010	0.040	0.020	—
	金刚石砂轮片 D400	片	21.86	—	—	0.021	0.019	0.029	0.010	0.040	0.010	—
	硅质火泥 GF-90	kg	0.77	—	—	—	210	—	—	—	210	—
	橡胶板	kg	11.26	—	—	—	0.2	0.2	0.2	0.2	0.2	0.3
	添加剂	kg	12.27	—	—	—	5.6	—	—	—	—	—
	高铝质火泥 LF-70细粒	kg	0.80	—	—	—	—	260	—	260	—	—
	冷却液	kg	6.66	—	—	—	—	—	—	10.64	—	—
机 械	叉式起重机 3t	台班	484.07	0.13	0.08	0.17	0.15	0.22	0.22	0.23	0.16	0.08
	灰浆搅拌机 200L	台班	208.76	0.07	0.15	0.07	0.07	0.07	0.07	0.07	0.07	—
	卷扬机 带40m塔 50kN	台班	242.92	0.19	0.12	0.25	0.23	0.31	0.31	0.33	0.23	0.11
	电动空气压缩机 10m³	台班	375.37	—	—	0.01	0.01	0.01	0.01	0.01	0.01	—
	磨砖机 4kW	台班	22.61	—	—	0.07	0.07	0.11	0.04	0.12	0.07	—
	切砖机 5.5kW	台班	32.04	—	—	0.10	0.09	0.21	0.02	0.37	0.09	—
	离心通风机 335m³	台班	85.70	—	—	0.08	0.05	0.11	0.04	0.17	0.05	—

2.炭化室高3.3m以上焦炉

编　号		4-10	4-11	4-12	4-13	4-14	4-15	4-16	4-17	4-18	4-19
项　目		红砖 (m³)	硅藻土隔热砖 (m³)	黏土质耐火砖 (m³)	高铝砖 (m³)	硅砖 (m³)	缸砖 (m³)	红柱石砖 (m³)	格子砖 (t)	滑动层	
										钢板制作 (10m²)	钢板铺设 (10m²)
预算基价	总　　　价(元)	**690.29**	**695.46**	**1470.69**	**1902.51**	**1580.04**	**1386.83**	**1736.31**	**307.85**	**2629.81**	**2206.36**
	人　工　费(元)	457.65	432.00	1139.40	1436.40	1155.60	873.45	1497.15	249.75	2191.05	1435.05
	材　料　费(元)	122.73	180.06	188.72	279.02	296.67	353.26	100.21	6.01	252.89	740.49
	机　械　费(元)	109.91	83.40	142.57	187.09	127.77	160.12	138.95	52.09	185.87	30.82

	组成内容	单位	单价	数　　量									
人工	综合工	工日	135.00	3.39	3.20	8.44	10.64	8.56	6.47	11.09	1.85	16.23	10.63
材料	红砖	千块	—	(0.546)	—	—	—	—	—	—	—	—	—
	硅藻土隔热砖 GG-0.7	t	—	—	(0.639)	—	—	—	—	—	—	—	—
	黏土质耐火砖 N-2a	t	—	—	—	(2.064)	—	—	—	—	—	—	—
	高铝砖 LZ-65	t	—	—	—	—	(2.54)	—	—	—	—	—	—
	硅砖 JG-94	t	—	—	—	—	—	(1.841)	—	—	—	—	—
	缸砖	t	—	—	—	—	—	—	(2.116)	—	—	—	—
	红柱石砖	t	—	—	—	—	—	—	—	(2.789)	—	—	—
	格子砖	t	—	—	—	—	—	—	—	—	(1.023)	—	—
	硅酸盐水泥 42.5级	kg	0.41	40	—	—	—	—	190	—	—	—	—
	黏土质耐火泥 NF-40细粒	kg	0.52	200	60	220	—	—	400	—	—	—	—
	水	m³	7.62	0.10	0.06	0.20	0.33	0.08	0.08	0.08	—	—	—
	碳化硅砂轮片 D400×25×(3～4)	片	19.64	0.08	—	—	—	—	—	—	—	—	—
	硅藻土粉 熟料 120目	kg	1.06	—	140	—	—	—	—	—	—	—	—
	油毛毡 400g	m²	2.57	—	—	0.35	0.35	0.35	0.35	0.36	—	—	12.00
	木板	m³	1672.03	—	—	0.03	0.03	0.03	0.03	—	—	—	—
	发泡苯乙烯	kg	20.02	—	—	0.2	0.2	0.2	0.2	0.2	0.3	—	—

续前

编　号			4-10	4-11	4-12	4-13	4-14	4-15	4-16	4-17	4-18	4-19
项　目			红砖 （m³）	硅藻土隔热砖 （m³）	黏土质耐火砖 （m³）	高铝砖 （m³）	硅砖 （m³）	缸砖 （m³）	红柱石砖 （m³）	格子砖 （t）	滑动层	
											钢板制作 （10m²）	钢板铺设 （10m²）
组 成 内 容	单位	单价	数　　量									
材料	镀锌薄钢板 δ0.8～1.0	t	4396.11	—	—	0.00024	0.00024	0.00024	0.00024	0.00024	—	—	—
	橡胶板	kg	11.26	—	—	0.2	0.2	0.2	0.2	0.2	—	—	—
	型钢	t	3699.72	—	—	0.0011	0.0011	0.0011	0.0011	0.0011	—	0.0120	—
	水玻璃	kg	2.38	—	—	3	—	—	—	—	—	—	—
	油纸	m²	2.86	—	—	0.51	0.51	0.51	0.51	0.51	—	—	—
	碳化硅砂轮 D290×185	个	131.53	—	—	0.010	0.030	0.010	0.020	0.038	—	—	—
	金刚石砂轮片 D400	片	21.86	—	—	0.020	0.030	0.020	0.010	0.042	—	—	—
	高铝质火泥 LF-70细粒	kg	0.80	—	—	—	260	—	—	—	—	—	—
	硅质火泥 GF-90	kg	0.77	—	—	—	—	210	—	—	—	—	—
	添加剂	kg	12.27	—	—	—	—	5.6	—	—	—	—	—
	冷却液	kg	6.66	—	—	—	—	—	—	12	—	—	—
	镀锌薄钢板 δ0.5	t	4426.66	—	—	—	—	—	—	—	—	0.0471	—
	黄干油	kg	15.77	—	—	—	—	—	—	—	—	—	45
机械	叉式起重机 3t	台班	484.07	0.13	0.08	0.18	0.22	0.16	0.22	0.22	0.08	—	0.04
	电动双梁起重机 5t	台班	190.91	0.10	0.07	0.14	0.17	0.13	0.17	0.17	0.07	—	0.06
	灰浆搅拌机 200L	台班	208.76	0.07	0.15	0.07	0.11	0.07	0.07	—	—	—	—
	切砖机 5.5kW	台班	32.04	0.04	—	0.12	0.27	0.10	0.02	—	—	—	—
	离心通风机 335m³	台班	85.70	0.14	—	0.06	0.12	0.03	0.02	—	—	—	—
	磨砖机 4kW	台班	22.61	—	—	0.06	0.11	0.06	0.02	—	—	—	—
	电动空气压缩机 10m³	台班	375.37	—	—	0.01	0.01	0.01	0.01	—	—	—	—
	剪板机 13×2500	台班	283.48	—	—	—	—	—	—	—	—	0.18	—
	联合冲剪机 16mm	台班	354.85	—	—	—	—	—	—	—	—	0.38	—

3.分隔式焦炉

编 号			4-20	4-21	4-22	4-23	4-24	4-25	4-26	4-27
项 目			红砖 （m³）	硅藻土隔 热耐火砖 （m³）	漂珠砖 （m³）	黏土质 耐火砖 （m³）	高铝砖 （m³）	硅砖 （m³）	缸砖 （m³）	格子砖 （t）
预算基价	总　　　价（元）		**767.74**	**697.60**	**991.31**	**1739.13**	**2153.46**	**1634.59**	**1606.68**	**311.51**
	人　工　费（元）		540.00	429.30	693.90	1383.75	1665.90	1237.95	1090.80	252.45
	材　料　费（元）		121.16	180.06	182.49	181.68	268.33	227.33	330.33	6.97
	机　械　费（元）		106.58	88.24	114.92	173.70	219.23	169.31	185.55	52.09
组 成 内 容	单位	单价	数　　　　量							
人工 综合工	工日	135.00	4.00	3.18	5.14	10.25	12.34	9.17	8.08	1.87
红砖	千块	—	(0.550)	—	—	—	—	—	—	—
硅藻土隔热砖 GG-0.7	t	—	—	(0.641)	—	—	—	—	—	—
漂珠砖 PG-0.9	t	—	—	—	(0.869)	—	—	—	—	—
黏土质耐火砖 N-2a	t	—	—	—	—	(2.083)	—	—	—	—
高铝砖 LZ-65	t	—	—	—	—	—	(2.525)	—	—	—
硅砖 JG-94	t	—	—	—	—	—	—	(1.839)	—	—
缸砖	t	—	—	—	—	—	—	—	(2.123)	—
格子砖	t	—	—	—	—	—	—	—	—	(1.023)
黏土质耐火泥 NF-40细粒	kg	0.52	200	60	—	218	—	—	398	—
硅酸盐水泥 42.5级	kg	0.41	40	—	—	—	—	—	196	—
水	m³	7.62	0.10	0.06	0.06	0.20	0.33	0.19	0.08	—
硅藻土粉 熟料 120目	kg	1.06	—	140	—	—	—	—	—	—
高铝质火泥 LF-70细粒	kg	0.80	—	—	220	—	257	—	—	—
碳化硅砂轮 D290×185	个	131.53	—	—	0.01	0.03	0.03	0.03	0.02	—
碳化硅砂轮片 D400×25×（3～4）	片	19.64	—	—	0.24	—	—	—	—	—
油毛毡 400g	m²	2.57	—	—	—	0.35	0.35	0.35	—	—
木板	m³	1672.03	—	—	—	0.02	0.02	0.02	0.02	—

续前

编　号			4-20	4-21	4-22	4-23	4-24	4-25	4-26	4-27
项　目			红砖 （m³）	硅藻土隔 热耐火砖 （m³）	漂珠砖 （m³）	黏土质 耐火砖 （m³）	高铝砖 （m³）	硅砖 （m³）	缸砖 （m³）	格子砖 （t）
组 成 内 容	单位	单价	数　　量							
材料	发泡苯乙烯	kg	20.02	—	—	—	0.2	0.2	0.2	—	0.3
	镀锌薄钢板 δ0.8～1.0	t	4396.11	—	—	—	0.00024	0.00024	0.00024	—	—
	型钢	t	3699.72	—	—	—	0.0011	0.0011	0.0011	0.0011	—
	包装布	m²	7.87	—	—	—	0.1	0.1	0.1	—	—
	聚酯乙烯泡沫塑料	kg	10.96	—	—	—	0.44	0.44	0.44	—	—
	石棉编绳 D10	kg	19.22	—	—	—	0.05	0.05	0.05	0.05	0.05
	石棉板 δ10	kg	9.56	—	—	—	0.11	0.11	0.11	0.11	—
	橡胶板	kg	11.26	—	—	—	0.2	0.2	0.2	—	—
	水玻璃	kg	2.38	—	—	—	3.13	—	0.09	—	—
	塑料薄膜	m²	1.90	—	—	—	0.2	0.2	0.2	—	—
	金刚石砂轮片 D400	片	21.86	—	—	—	0.01	0.05	0.01	0.01	—
	油纸	m²	2.86	—	—	—	0.51	0.51	0.51	0.01	—
	硅质火泥 GF-90	kg	0.77	—	—	—	—	—	216	—	—
机械	叉式起重机 3t	台班	484.07	0.12	0.09	0.11	0.18	0.22	0.16	0.22	0.08
	电动双梁起重机 5t	台班	190.91	0.09	0.07	0.09	0.14	0.18	0.17	0.18	0.07
	灰浆搅拌机 200L	台班	208.76	0.15	0.15	0.14	0.10	0.10	0.10	0.10	—
	磨砖机 4kW	台班	22.61	—	—	0.05	0.12	0.14	0.11	0.08	—
	切砖机 5.5kW	台班	32.04	—	—	0.12	0.16	0.32	0.14	0.06	—
	离心通风机 335m³	台班	85.70	—	—	0.12	0.20	0.36	0.17	0.08	—
	电动空气压缩机 10m³	台班	375.37	—	—	—	0.03	0.03	0.04	0.03	—
	吸尘器	台班	2.97	—	—	—	0.41	0.41	0.41	0.41	—
	直流弧焊机 20kW	台班	75.06	—	—	—	0.02	0.01	0.01	0.01	—

4.熄焦罐系列

编　号	4-28	4-29	4-30	4-31	4-32	4-33	4-34
项　目	致密黏土砖 （m³）	硅藻土隔热砖 （m³）	一次除尘		玄武岩板 δ＝4 （10m²）	莫来石砖 （m³）	碳化硅砖 （m³）
			致密黏土砖 （m³）	硅藻土隔热砖 （m³）			
预算基价 总　价（元）	**2811.57**	**761.49**	**2845.26**	**758.79**	**6446.69**	**4839.26**	**5093.33**
人　工　费（元）	2335.50	484.65	2320.65	492.75	3524.85	4197.15	3030.75
材　料　费（元）	145.10	180.06	153.33	169.26	2572.39	254.28	1695.34
机　械　费（元）	330.97	96.78	371.28	96.78	349.45	387.83	367.24

组　成　内　容	单位	单价	数　量						
人工 综合工	工日	135.00	17.30	3.59	17.19	3.65	26.11	31.09	22.45
致密黏土砖	t	—	(2.416)	—	(2.385)	—	—	—	—
硅藻土隔热砖 GG-0.7	t	—	—	(0.648)	—	(0.650)	—	—	—
玄武岩板	t	—	—	—	—	—	(0.679)	—	—
莫来石砖	t	—	—	—	—	—	—	(2.847)	—
碳化硅砖	t	—	—	—	—	—	—	—	(2.61)
硅酸铝耐火纤维毡	kg	23.80	0.144	—	0.144	—	—	—	—
黏土质耐火泥 NF-40细粒	kg	0.52	181	60	187	80	—	—	—
木板	m³	1672.03	0.022	—	0.022	—	0.058	—	0.033
水	m³	7.62	0.19	0.06	0.10	0.06	—	0.06	0.06
黄板纸	m²	1.47	0.33	—	0.29	—	1.25	—	5.00
油纸	m²	2.86	0.10	—	0.07	—	—	—	—
碳化硅砂轮 D290×185	个	131.53	0.06	—	0.07	—	0.05	0.06	0.23

15

续前

编　号			4-28	4-29	4-30	4-31	4-32	4-33	4-34
项　目			致密黏土砖 （m³）	硅藻土隔热砖 （m³）	一次除尘		玄武岩板 δ＝4 （10m²）	莫来石砖 （m³）	碳化硅砖 （m³）
					致密黏土砖 （m³）	硅藻土隔热砖 （m³）			
组 成 内 容	单位	单价	数　　量						
材 料	金刚石砂轮片 D400	片	21.86	0.03	－	0.04	－	0.02	0.08	0.10
	硅藻土粉 熟料 120目	kg	1.06	－	140	－	120	－	－	－
	发泡苯乙烯	kg	20.02	－	－	0.22	－	－	－	－
	玄武岩砂浆	kg	7.52	－	－	－	－	328	－	－
	高铝质火泥 LF-70细粒	kg	0.80	－	－	－	－	－	197	－
	冷却液	kg	6.66	－	－	－	－	－	13	11
	碳化硅粉 TH180～280	kg	8.16	－	－	－	－	－	－	176
	高铝生料粉	kg	0.61	－	－	－	－	－	－	20
	卤水块	kg	1.35	－	－	－	－	－	－	58
机 械	叉式起重机 3t	台班	484.07	0.19	0.07	0.19	0.07	0.08	0.22	0.22
	灰浆搅拌机 200L	台班	208.76	0.38	0.15	0.47	0.15	0.55	0.38	0.09
	磨砖机 4kW	台班	22.61	0.45	－	0.58	－	1.26	0.54	0.59
	切砖机 5.5kW	台班	32.04	0.50	－	0.67	－	0.08	0.90	0.62
	金刚石磨光机	台班	35.27	0.29	－	0.33	－	0.38	0.10	2.52
	离心通风机 335m³	台班	85.70	0.54	－	0.71	－	1.26	0.93	0.52
	电动葫芦 单速 2t	台班	31.60	0.36	－	0.27	－	0.53	－	－
	卷扬机 带40m塔 50kN	台班	242.92	0.27	0.13	0.27	0.13	0.11	0.32	0.31

二、炼铁高炉(含热风炉附属设备)

1.300m³以内高炉系列

编　号			4-35	4-36	4-37	4-38	4-39	4-40	4-41	4-42	4-43
项　目			高炉本体					热风炉			
			黏土质耐火砖		高铝砖		硅藻土隔热砖	黏土质耐火砖		黏土格子砖	
			普通泥浆(m³)	高强泥浆(m³)	普通泥浆(m³)	高强泥浆(m³)	(m³)	普通泥浆(m³)	高强泥浆(m³)	板、浪形(t)	多孔(t)
预算基价	总　价(元)		1575.86	2392.94	2579.75	3074.88	825.23	1519.69	2196.85	344.74	384.49
	人　工　费(元)		1232.55	1398.60	2143.80	2030.40	568.35	1260.90	1298.70	286.20	325.35
	材　料　费(元)		86.94	742.36	138.60	747.13	164.94	93.54	742.38	0.02	0.62
	机　械　费(元)		256.37	251.98	297.35	297.35	91.94	165.25	155.77	58.52	58.52
组　成　内　容	单位	单价	数　量								
人工　综合工	工日	135.00	9.13	10.36	15.88	15.04	4.21	9.34	9.62	2.12	2.41
黏土质耐火砖 GN-42	t	—	(2.196)	(2.196)	—	—	—	(2.105)	(2.103)	—	—
高铝砖 GL-65	t	—	—	—	(2.850)	(2.806)	—	—	—	—	—
硅藻土隔热砖 GG-0.7	t	—	—	—	—	—	(0.637)	—	—	—	—
黏土格子砖	t	—	—	—	—	—	—	—	—	(1.02)	(1.03)
黏土质耐火泥 NF-40细粒	kg	0.52	160	—	—	—	88	160	—	—	—
水	m³	7.62	0.06	0.13	0.06	0.18	0.06	0.06	0.06	—	—
碳化硅砂轮 D290×185	个	131.53	0.020	0.010	0.160	0.040	—	0.060	0.004	—	—
金刚石砂轮片 D400	片	21.86	0.030	0.030	0.050	0.050	—	0.010	0.010	0.001	0.001
高强泥浆	kg	2.47	—	200	—	200	—	—	200	—	—
添加剂	kg	12.27	—	20	—	20	—	—	20	—	—
高铝质火泥 LF-70细粒	kg	0.80	—	—	145	—	—	—	—	—	—
硅藻土粉 熟料 120目	kg	1.06	—	—	—	—	112	—	—	—	—
木板	m³	1672.03	—	—	—	—	—	0.001	0.001	—	—
黄板纸	m²	1.47	—	—	—	—	—	0.07	0.07	—	—
发泡苯乙烯	kg	20.02	—	—	—	—	—	—	—	—	0.03
叉式起重机 3t	台班	484.07	0.22	0.22	0.25	0.25	0.06	0.12	0.12	0.06	0.06
灰浆搅拌机 200L	台班	208.76	0.30	0.30	0.30	0.30	0.15	0.14	0.15	—	—
泥浆泵 D50	台班	43.76	0.1	0.1	0.1	0.1	—	—	—	—	—
磨砖机 4kW	台班	22.61	0.12	0.03	0.11	0.11	—	0.25	0.01	—	—
切砖机 5.5kW	台班	32.04	0.15	0.21	0.29	0.29	—	0.12	0.12	0.01	0.01
离心通风机 335m³	台班	85.70	0.12	0.07	0.16	0.16	—	0.11	0.01	—	—
金刚石磨光机	台班	35.27	0.51	0.51	0.51	0.51	—	0.02	0.02	—	—
电动葫芦 单速 2t	台班	31.60	0.26	0.26	0.70	0.70	—	—	—	—	—
卷扬机 带40m塔 50kN	台班	242.92	0.16	0.16	0.18	0.18	0.13	0.24	0.25	0.12	0.12

2．300～750m³高炉系列

单位：m³

编　号			4-44	4-45	4-46	4-47	4-48	4-49	4-50
项　目			高炉本体						
			黏土质耐火砖		高铝砖		炭砖	刚玉砖	铝炭砖
			普通泥浆	高强泥浆	普通泥浆	高强泥浆			
预算基价	总　　价（元）		**1451.45**	**2250.67**	**1827.05**	**3254.61**	**2505.27**	**4057.55**	**3183.57**
	人　工　费（元）		1071.90	1216.35	1298.70	2153.25	1960.20	2718.90	2099.25
	材　料　费（元）		86.94	742.44	161.12	747.13	141.72	856.67	730.95
	机　械　费（元）		292.61	291.88	367.23	354.23	403.35	481.98	353.37
组　成　内　容		单位	单价	数　　量					
人工	综合工	工日	135.00	7.94	9.01	9.62	15.95	14.52	20.14	15.55
材料	黏土质耐火砖 GN-42	t	—	(2.196)	(2.200)	—	—	—	—	—
	高铝砖 GL-65	t	—	—	—	(2.806)	(2.808)	—	—	—
	炭砖	t	—	—	—	—	—	(1.608)	—	—
	刚玉砖	t	—	—	—	—	—	—	(3.112)	—
	铝炭砖	t	—	—	—	—	—	—	—	(2.856)
	黏土质耐火泥 NF-40细粒	kg	0.52	160	—	—	—	—	—	—
	水	m³	7.62	0.06	0.14	0.19	0.18	—	0.04	0.04
	碳化硅砂轮 D290×185	个	131.53	0.020	0.010	0.050	0.040	—	—	0.010
	金刚石砂轮片 D400	片	21.86	0.03	0.03	0.05	0.05	—	0.13	0.06
	高铝质火泥 LF-70细粒	kg	0.80	—	—	190	—	—	—	—
	高强泥浆	kg	2.47	—	200	—	200	—	—	190
	添加剂	kg	12.27	—	20	—	20	—	20	20

续前

单位：m³

编　　号			4-44	4-45	4-46	4-47	4-48	4-49	4-50
项　　目			高炉本体						
			黏土质耐火砖		高铝砖		炭砖	刚玉砖	铝炭砖
			普通泥浆	高强泥浆	普通泥浆	高强泥浆			
组　成　内　容	单位	单价	数　　量						
材料 细缝糊	kg	1.98	—	—	—	—	33	—	—
木板	m³	1672.03	—	—	—	—	0.030	—	—
煤油	kg	7.49	—	—	—	—	3.5	—	—
刚玉火泥	kg	2.78	—	—	—	—	—	190	—
冷却液	kg	6.66	—	—	—	—	—	12	2
机械 叉式起重机 3t	台班	484.07	0.25	0.25	0.32	0.32	0.28	0.47	0.32
灰浆搅拌机 200L	台班	208.76	0.26	0.26	0.26	0.26	—	0.26	0.26
泥浆泵 D50	台班	43.76	0.2	0.2	0.2	0.2	—	0.2	0.2
磨砖机 4kW	台班	22.61	0.12	0.05	0.23	0.11	—	—	0.12
切砖机 5.5kW	台班	32.04	0.15	0.23	0.29	0.29	—	0.60	0.31
离心通风机 335m³	台班	85.70	0.12	0.10	0.28	0.16	—	0.45	0.28
金刚石磨光机	台班	35.27	1.02	1.02	1.02	1.02	—	1.53	1.02
电动葫芦 单速 2t	台班	31.60	0.35	0.35	0.60	0.60	1.20	0.60	0.22
卷扬机 带40m塔 50kN	台班	242.92	0.18	0.18	0.23	0.23	0.13	0.25	0.23
真空吸盘	台班	49.46	—	—	—	—	0.6	—	—
真空泵 204m³/h	台班	59.76	—	—	—	—	0.6	—	—
炭砖研磨机	台班	112.07	—	—	—	—	0.18	—	—
电动空气压缩机 10m³	台班	375.37	—	—	—	—	0.3	—	—

19

编 号			4-51	4-52	4-53	4-54	4-55	4-56	4-57	4-58	4-59
项 目			热风炉								
			硅藻土隔热砖（m³）	黏土质隔热耐火砖（m³）	黏土质耐火砖		高铝砖		黏土格子砖		高铝格子砖
					普通泥浆（m³）	高强泥浆（m³）	普通泥浆（m³）	高强泥浆（m³）	板、浪形（t）	多孔（t）	多孔（t）
预算基价	总　　价（元）		**812.54**	**1234.38**	**1378.43**	**2258.83**	**2133.95**	**2739.80**	**342.90**	**385.35**	**398.63**
	人　工　费（元）		554.85	999.00	1123.20	1364.85	1756.35	1819.80	282.15	318.60	325.35
	材　料　费（元）		168.18	101.51	91.77	740.00	179.14	745.42	0.20	6.20	10.38
	机　械　费（元）		89.51	133.87	163.46	153.98	198.46	174.58	60.55	60.55	62.90
组 成 内 容		单位	单价	数　　量							
人工	综合工	工日	135.00	4.11	7.40	8.32	10.11	13.01	13.48	2.09	2.36	2.41
材料	硅藻土隔热砖 GG-0.7	t	—	(0.637)	—	—	—	—	—	—	—	—
	黏土质隔热耐火砖 NG-1.3a	t	—	—	(1.246)	—	—	—	—	—	—	—
	黏土质耐火砖 RN-40	t	—	—	—	(2.105)	(2.101)	—	—	—	—	—
	高铝砖 RL-55	t	—	—	—	—	—	(2.465)	(2.403)	—	—	—
	黏土格子砖	t	—	—	—	—	—	—	—	(1.02)	(1.03)	—
	高铝格子砖	t	—	—	—	—	—	—	—	—	—	(1.03)
	黏土质耐火泥 NF-40细粒	kg	0.52	82	184	160	—	—	—	—	—	—
	水	m³	7.62	0.06	0.06	0.06	0.05	0.06	0.05	0.02	0.02	0.04
	碳化硅砂轮 D290×185	个	131.53	—	0.005	0.060	—	0.170	0.010	—	—	—
	碳化硅砂轮片 D400×25×(3~4)	片	19.64	—	0.24	—	—	—	—	—	—	—
	金刚石砂轮片 D400	片	21.86	—	—	0.010	0.010	0.030	0.030	0.002	0.002	0.003
	高强泥浆	kg	2.47	—	—	—	200	—	200	—	—	—
	添加剂	kg	12.27	—	—	—	20	—	20	—	—	—
	高铝质火泥 LF-70细粒	kg	0.80	—	—	—	—	190	—	—	—	—
	木板	m³	1672.03	—	—	—	—	0.002	0.002	—	—	—
	黄板纸	m²	1.47	—	—	—	—	0.22	0.22	—	—	—
	发泡苯乙烯	kg	20.02	—	—	—	—	—	—	—	0.3	0.5
	硅藻土粉 熟料 120目	kg	1.06	118	—	—	—	—	—	—	—	—
机械	叉式起重机 3t	台班	484.07	0.06	0.09	0.12	0.12	0.14	0.14	0.06	0.06	0.06
	灰浆搅拌机 200L	台班	208.76	0.15	0.15	0.14	0.15	0.14	0.14	—	—	—
	卷扬机 带40m塔 50kN	台班	242.92	0.12	0.18	0.24	0.25	0.28	0.28	0.12	0.12	0.12
	磨砖机 4kW	台班	22.61	—	0.05	0.24	—	0.48	0.03	—	—	—
	切砖机 5.5kW	台班	32.04	—	0.12	0.12	0.12	0.12	0.12	0.02	0.02	0.04
	离心通风机 335m³	台班	85.70	—	0.12	0.10	—	0.19	0.03	0.02	0.02	0.04
	金刚石磨光机	台班	35.27	—	—	—	—	0.07	0.07	—	—	—

20

3.750～3000m³高炉系列

单位：m³

编号			4-60	4-61	4-62	4-63	4-64	4-65	4-66	4-67	4-68	4-69	4-70
项目			高炉本体										
			黏土质耐火砖		高铝砖		炭砖	刚玉砖	刚玉块	硅线石砖	碳化硅砖	铝碳化硅砖	莫来石砖
			普通泥浆	高强泥浆	普通泥浆	高强泥浆							
预算基价 总价(元)			1433.57	2574.91	2136.42	3151.21	2493.62	4312.20	4490.03	3634.18	2941.52	2761.57	3721.38
人工费(元)			1024.65	1514.70	1601.10	2046.60	1985.85	3049.65	3137.40	2450.25	1819.80	1741.50	2497.50
材料费(元)			87.26	747.56	160.96	742.39	141.72	857.81	773.68	801.99	768.04	676.75	828.71
机械费(元)			321.66	312.65	374.36	362.22	366.05	404.74	578.95	381.94	353.68	343.32	395.17
组成内容	单位	单价	数量										
人工 综合工	工日	135.00	7.59	11.22	11.86	15.16	14.71	22.59	23.24	18.15	13.48	12.90	18.50
材料 黏土质耐火砖	t	—	(2.196)	(2.198)	—	—	—	—	—	—	—	—	—
高铝砖 GL-65	t	—	—	—	(2.806)	(2.811)	—	—	—	—	—	—	—
炭砖	t	—	—	—	—	—	(1.608)	—	—	—	—	—	—
刚玉砖	t	—	—	—	—	—	—	(3.109)	—	—	—	—	—
刚玉块	t	—	—	—	—	—	—	—	(3.116)	—	—	—	—
硅线石砖 H31	t	—	—	—	—	—	—	—	—	(2.558)	—	—	—
碳化硅砖 SIC85	t	—	—	—	—	—	—	—	—	—	(2.592)	—	—
铝碳化硅砖	t	—	—	—	—	—	—	—	—	—	—	(2.856)	—
莫来石砖 H21	t	—	—	—	—	—	—	—	—	—	—	—	(2.859)
黏土质耐火泥 NF-40细粒	kg	0.52	160	—	—	—	—	—	—	—	—	—	—
水	m³	7.62	0.06	0.08	0.10	0.18	—	0.01	0.01	0.05	0.04	0.04	0.05
碳化硅砂轮 D290×185	个	131.53	0.020	0.050	0.050	—	—	—	—	—	0.012	0.012	—
金刚石砂轮片 D600	片	32.42	0.030	0.030	0.050	0.050	—	0.130	—	0.070	0.040	0.060	0.070
高强泥浆	kg	2.47	—	200	—	200	—	—	—	200	190	—	200
添加剂	kg	12.27	—	20	—	20	—	20	20	20	20	20	20

21

单位：m³

编　　号			4-60	4-61	4-62	4-63	4-64	4-65	4-66	4-67	4-68	4-69	4-70
项　　目			高炉本体										
			黏土质耐火砖		高铝砖		炭砖	刚玉砖	刚玉块	硅线石砖	碳化硅砖	铝碳化硅砖	莫来石砖
			普通泥浆	高强泥浆	普通泥浆	高强泥浆							
组　成　内　容	单位	单价	数　　量										
材料	高铝质火泥 LF-70细粒	kg	0.80	－	－	190	－	－	－	－	－	－	－	－
	细缝糊	kg	1.98	－	－	－	－	33	－	－	－	－	－	－
	木板	m³	1672.03	－	－	－	－	0.030	－	－	－	0.030	－	0.012
	煤油	kg	7.49	－	－	－	－	3.5	－	－	－	－	－	－
	刚玉火泥	kg	2.78	－	－	－	－	－	190	190	－	－	－	－
	冷却液	kg	6.66	－	－	－	－	－	12	－	9	－	2	10
	铝碳化硅火泥	kg	2.18	－	－	－	－	－	－	－	－	－	190	－
机械	叉式起重机 3t	台班	484.07	0.29	0.29	0.32	0.32	0.28	0.37	0.51	0.31	0.32	0.32	0.32
	灰浆搅拌机 200L	台班	208.76	0.21	0.21	0.21	0.21	－	0.21	0.21	0.21	0.21	0.21	0.21
	泥浆泵 D50	台班	43.76	0.27	0.27	0.27	0.27	－	0.27	0.27	0.27	0.27	0.27	0.27
	磨砖机 4kW	台班	22.61	0.12	0.02	0.23	0.11	－	－	－	－	0.12	0.12	－
	切砖机 5.5kW	台班	32.04	0.15	0.18	0.29	0.29	－	0.60	－	0.43	0.15	0.31	0.46
	离心通风机 335m³	台班	85.70	0.12	0.03	0.28	0.17	－	0.45	－	0.28	0.12	0.12	0.31
	金刚石磨光机	台班	35.27	1.53	1.53	1.53	1.53	－	1.02	1.02	2.04	1.53	1.53	2.04
	电动葫芦 单速 2t	台班	31.60	0.09	0.09	0.49	0.49	1.10	0.49	0.87	0.49	0.49	－	0.49
	卷扬机 带40m塔 50kN	台班	242.92	0.21	0.21	0.23	0.23	0.13	0.25	0.27	0.21	0.23	0.23	0.23
	真空吸盘	台班	49.46	－	－	－	－	0.49	－	0.49	－	－	－	－
	真空泵 204m³/h	台班	59.76	－	－	－	－	0.49	－	0.49	－	－	－	－
	炭砖研磨机	台班	112.07	－	－	－	－	0.15	－	－	－	－	－	－
	电动空气压缩机 10m³	台班	375.37	－	－	－	－	0.25	－	0.25	－	－	－	－

编　号			4-71	4-72	4-73	4-74	4-75	4-76	4-77	4-78
项　目			热风炉							
			硅藻土隔热砖	黏土质隔热耐火砖	高铝质隔热耐火砖	硅质隔热耐火砖	硅砖	黏土质耐火砖		高铝砖
								普通泥浆	高强泥浆	普通泥浆
预算基价	总　价(元)		**767.45**	**1042.36**	**1396.28**	**1502.06**	**1914.64**	**1514.34**	**2268.83**	**2039.64**
	人工费(元)		495.45	805.95	1097.55	1229.85	1611.90	1263.60	1363.50	1665.90
	材料费(元)		180.06	104.63	181.83	159.83	139.13	95.00	741.67	177.29
	机械费(元)		91.94	131.78	116.90	112.38	163.61	155.74	163.66	196.45
组　成　内　容	单位	单价	数　量							
人工 综合工	工日	135.00	3.67	5.97	8.13	9.11	11.94	9.36	10.10	12.34
材料 硅藻土隔热砖 GG-0.7	t	—	(0.635)	—	—	—	—	—	—	—
黏土质隔热耐火砖 NG-1.3a	t	—	—	(1.236)	—	—	—	—	—	—
高铝质隔热耐火砖 LG-1.0	t	—	—	—	(0.987)	—	—	—	—	—
硅质隔热耐火砖 QG-0.8	t	—	—	—	—	(0.794)	—	—	—	—
硅砖 GZ-93	t	—	—	—	—	—	(1.91)	—	—	—
黏土质耐火砖 RN-40	t	—	—	—	—	—	—	(2.103)	(2.105)	—
高铝砖 RL-55	t	—	—	—	—	—	—	—	—	(2.467)
添加剂	kg	12.27	—	—	—	—	—	—	20	—
水	m³	7.62	0.06	0.06	0.06	0.06	0.06	0.06	0.05	0.06
高强泥浆	kg	2.47	—	—	—	—	—	—	200	—
木板	m³	1672.03	—	—	—	0.003	0.001	0.001	0.001	

23

编号			4-71	4-72	4-73	4-74	4-75	4-76	4-77	4-78
项目			热风炉							
			硅藻土隔热砖	黏土质隔热耐火砖	高铝质隔热耐火砖	硅质隔热耐火砖	硅砖	黏土质耐火砖		高铝砖
								普通泥浆	高强泥浆	普通泥浆
组成内容	单位	单价	数量							
材料 金刚石砂轮片 D600	片	32.42	—	—	—	—	0.004	—	—	0.004
黏土质耐火泥 NF-40细粒	kg	0.52	60	190	—	—	—	163	—	—
硅藻土粉 熟料 120目	kg	1.06	140	—	—	—	—	—	—	—
碳化硅砂轮 D290×185	个	131.53	—	0.005	0.005	0.005	0.090	0.060	—	0.170
碳化硅砂轮片 D400×25×(3~4)	片	19.64	—	0.24	0.24	0.24	—	—	—	—
高铝质火泥 LF-70细粒	kg	0.80	—	—	220	—	—	—	—	190
硅质火泥 GF-90	kg	0.77	—	—	—	200	157	—	—	—
金刚石砂轮片 D400	片	21.86	—	—	—	—	0.007	0.010	0.010	0.020
黄板纸	m²	1.47	—	—	—	—	0.44	—	—	0.16
机械 叉式起重机 3t	台班	484.07	0.06	0.09	0.07	0.07	0.11	0.12	0.14	0.14
灰浆搅拌机 200L	台班	208.76	0.15	0.14	0.15	0.14	0.13	0.14	0.15	0.14
金刚石磨光机	台班	35.27	—	—	—	—	0.13	—	—	0.05
卷扬机 带40m塔 50kN	台班	242.92	0.13	0.18	0.15	0.14	0.22	0.24	0.25	0.28
切砖机 5.5kW	台班	32.04	—	0.12	0.12	0.12	0.12	0.12	0.12	0.12
离心通风机 335m³	台班	85.70	—	0.12	0.12	0.12	0.17	0.01	—	0.18
磨砖机 4kW	台班	22.61	—	0.05	0.05	0.05	0.30	0.24	—	0.46

编 号			4-79	4-80	4-81	4-82	4-83	4-84	4-85	4-86	4-87
项 目			热风炉								
			高铝砖	红柱石砖		黏土格子砖		高铝格子砖	硅线石格子砖	莫来石格子砖	硅质格子砖
			高强泥浆 （m³）	普通泥浆 （m³）	高强泥浆 （m³）	板、浪形 （t）	多孔 （t）	多孔 （t）	多孔 （t）	多孔 （t）	多孔 （t）
预算基价	总　　　价（元）		**2637.02**	**2021.50**	**2556.30**	**345.60**	**386.70**	**400.00**	**420.98**	**454.56**	**399.37**
	人　工　费（元）		1718.55	1633.50	1629.45	284.85	319.95	326.70	345.60	378.00	318.60
	材　料　费（元）		743.59	180.13	743.78	0.20	6.20	10.40	10.12	10.12	20.22
	机　械　费（元）		174.88	207.87	183.07	60.55	60.55	62.90	65.26	66.44	60.55
组 成 内 容	单位	单价	数　　量								
人工 综合工	工日	135.00	12.73	12.10	12.07	2.11	2.37	2.42	2.56	2.80	2.36
材料 高铝砖 RL-55	t	—	（2.405）	—	—	—	—	—	—	—	—
红柱石砖	t	—	—	（2.910）	（2.887）	—	—	—	—	—	—
黏土格子砖	t	—	—	—	—	（1.02）	（1.03）	—	—	—	—
高铝格子砖	t	—	—	—	—	—	—	（1.03）	—	—	—
硅线石格子砖	t	—	—	—	—	—	—	—	（1.03）	—	—
莫来石格子砖	t	—	—	—	—	—	—	—	—	（1.03）	—
硅质格子砖	t	—	—	—	—	—	—	—	—	—	（1.03）
木板	m³	1672.03	0.001	0.002	0.002	—	—	—	—	—	—
水	m³	7.62	0.05	0.06	0.05	0.02	0.02	0.04	—	—	0.02
高强泥浆	kg	2.47	200	—	200	—	—	—	—	—	—
添加剂	kg	12.27	20	—	20	—	—	—	—	—	—
碳化硅砂轮 D290×185	个	131.53	0.01	0.18	—	—	—	—	—	—	—
金刚石砂轮片 D400	片	21.86	0.020	0.030	0.030	0.002	0.002	0.004	0.005	0.005	0.002
金刚石砂轮片 D600	片	32.42	0.004	—	—	—	—	—	—	—	—
黄板纸	m²	1.47	0.17	—	—	—	—	—	—	—	—
高铝质火泥 LF-70细粒	kg	0.80	—	190	—	—	—	—	—	—	—
发泡苯乙烯	kg	20.02	—	—	—	—	0.3	0.5	0.5	0.5	1.0
机械 叉式起重机 3t	台班	484.07	0.14	0.15	0.15	0.06	0.06	0.06	0.06	0.06	0.06
灰浆搅拌机 200L	台班	208.76	0.15	0.15	0.15	—	—	—	—	—	—
磨砖机 4kW	台班	22.61	0.02	0.49	—	—	—	—	—	—	—
切砖机 5.5kW	台班	32.04	0.12	0.12	0.12	0.02	0.02	0.04	0.06	0.07	0.02
离心通风机 335m³	台班	85.70	0.02	0.16	—	0.02	0.02	0.04	0.06	0.07	0.02
卷扬机 带40m塔 50kN	台班	242.92	0.28	0.31	0.31	0.12	0.12	0.12	0.12	0.12	0.12
金刚石磨光机	台班	35.27	0.05	—	—	—	—	—	—	—	—

4.管道及除尘器、渣铁沟

单位：m³

编号			4-88	4-89	4-90	4-91	4-92	4-93	4-94
项目			硅藻土隔热砖	黏土质隔热耐火砖	黏土质耐火砖 普通泥浆	高强泥浆	红柱石砖 普通泥浆	高强泥浆	渣铁沟黏土砖 普通泥浆
预算基价	总　　价(元)		**917.30**	**1351.69**	**1847.96**	**2805.13**	**1950.44**	**2576.30**	**1008.40**
	人　工　费(元)		645.30	1108.35	1580.85	1907.55	1514.70	1551.15	769.50
	材　料　费(元)		180.06	104.63	98.59	740.13	209.03	796.35	95.97
	机　械　费(元)		91.94	138.71	168.52	157.45	226.71	228.80	142.93
组成内容	单位	单价	数　　量						
人工 综合工	工日	135.00	4.78	8.21	11.71	14.13	11.22	11.49	5.70
材料 硅藻土隔热砖 GG-0.7	t	—	(0.636)	—	—	—	—	—	—
黏土质隔热耐火砖 NG-1.3a	t	—	—	(1.268)	—	—	—	—	—
黏土质耐火砖 RN-40	t	—	—	—	(2.146)	(2.065)	—	—	(2.075)
红柱石砖	t	—	—	—	—	—	(2.922)	(2.907)	—
硅藻土粉 熟料 120目	kg	1.06	140	—	—	—	—	—	—
黏土质耐火泥 NF-40细粒	kg	0.52	60	190	186	—	—	—	183
水	m³	7.62	0.06	0.06	0.13	0.05	0.06	0.05	0.06
碳化硅砂轮 D290×185	个	131.53	—	0.005	0.005	0.001	0.005	0.005	0.001
碳化硅砂轮片 D400×25×(3~4)	片	19.64	—	0.24	—	—	—	—	—
金刚石砂轮片 D400	片	21.86	—	—	0.01	0.01	0.05	0.05	0.01
高强泥浆	kg	2.47	—	—	—	200	—	200	—
添加剂	kg	12.27	—	—	—	20	—	20	—
高铝质火泥 LF-70细粒	kg	0.80	—	—	—	—	190	—	—
木板	m³	1672.03	—	—	—	—	0.001	0.001	—
冷却液	kg	6.66	—	—	—	—	7.98	7.98	—
机械 叉式起重机 3t	台班	484.07	0.06	0.10	0.12	0.12	0.16	0.16	0.11
灰浆搅拌机 200L	台班	208.76	0.15	0.15	0.17	0.17	0.14	0.15	0.15
卷扬机 带40m塔 50kN	台班	242.92	0.13	0.18	0.24	0.24	0.33	0.33	0.22
切砖机 5.5kW	台班	32.04	—	0.12	0.19	0.14	0.38	0.38	0.12
磨砖机 4kW	台班	22.61	—	0.05	0.05	0.01	0.05	0.05	0.01
离心通风机 335m³	台班	85.70	—	0.12	0.11	0.01	0.31	0.31	0.01

5.外燃式热风炉

单位：m³

编　号			4-95	4-96	4-97	4-98	4-99	4-100	4-101	4-102	4-103	4-104
项　目			硅藻土隔热砖	黏土质隔热耐火砖	高铝质隔热耐火砖	硅质隔热耐火砖	堇青石砖	硅砖	黏土质耐火砖		高铝砖	
									普通泥浆	高强泥浆	高铝质火泥	高强泥浆
预算基价	总　　价(元)		**767.45**	**1121.80**	**1296.99**	**1238.81**	**2292.15**	**1748.67**	**1697.62**	**2589.38**	**2094.86**	**2924.24**
	人　工　费(元)		495.45	886.95	1000.35	966.60	1944.00	1463.40	1445.85	1684.80	1725.30	1969.65
	材　料　费(元)		180.06	103.07	181.83	159.83	206.65	130.11	85.74	741.88	166.14	752.15
	机　械　费(元)		91.94	131.78	114.81	112.38	141.50	155.16	166.03	162.70	203.42	202.44
组 成 内 容	单位	单价	数　　量									
人工 综合工	工日	135.00	3.67	6.57	7.41	7.16	14.40	10.84	10.71	12.48	12.78	14.59
硅藻土隔热砖 GG-0.7	t	—	(0.638)	—	—	—	—	—	—	—	—	—
黏土质隔热耐火砖 NG-1.3a	t	—	—	(1.239)	—	—	—	—	—	—	—	—
高铝质隔热耐火砖 LG-1.0	t	—	—	—	(0.977)	—	—	—	—	—	—	—
硅质隔热耐火砖 QG-0.8	t	—	—	—	—	(0.781)	—	—	—	—	—	—
堇青石砖	t	—	—	—	—	—	(2.04)	—	—	—	—	—
硅砖 GZ-93	t	—	—	—	—	—	—	(1.896)	—	—	—	—
黏土质耐火砖 N-2a	t	—	—	—	—	—	—	—	(2.096)	(2.094)	—	—
高铝砖 RL-55	t	—	—	—	—	—	—	—	—	—	(2.445)	(2.396)
硅藻土粉 熟料 120目	kg	1.06	140	—	—	—	—	—	—	—	—	—
黏土质耐火泥 NF-40细粒	kg	0.52	60	187	—	—	—	—	161	—	—	—
水	m³	7.62	0.06	0.06	0.06	0.06	0.06	0.12	0.06	0.12	0.29	0.28
碳化硅砂轮 D290×185	个	131.53	—	0.005	0.005	0.005	0.010	0.040	0.010	0.010	0.020	0.010

编　号		4-95	4-96	4-97	4-98	4-99	4-100	4-101	4-102	4-103	4-104
项　目		硅藻土隔热砖	黏土质隔热耐火砖	高铝质隔热耐火砖	硅质隔热耐火砖	董青石砖	硅砖	黏土质耐火砖		高铝砖	
								普通泥浆	高强泥浆	高铝质火泥	高强泥浆
组　成　内　容	单位	单价						数　　量			
碳化硅砂轮片 D400×25×(3~4)	片	19.64	—	0.24	0.24	0.24	—	—	—	—	—	—
高铝质火泥 LF-70细粒	kg	0.80	—	—	220	—	—	—	—	—	190	—
硅质火泥 GF-90	kg	0.77	—	—	—	200	—	160	—	—	—	—
董青质火泥	kg	1.03	—	—	—	—	150	—	—	—	—	—
木板	m³	1672.03	—	—	—	—	0.030	—	—	—	0.005	0.005
金刚石砂轮片 D400	片	21.86	—	—	—	—	0.010	0.010	0.010	0.010	0.040	0.040
金刚石砂轮片 D600	片	32.42	—	—	—	—	—	0.001	—	—	0.002	0.002
黄板纸	m²	1.47	—	—	—	—	—	0.33	0.02	0.02	—	—
高强泥浆	kg	2.47	—	—	—	—	—	—	—	200	—	200
添加剂	kg	12.27	—	—	—	—	—	—	—	20	—	20
叉式起重机 3t	台班	484.07	0.06	0.09	0.07	0.07	0.11	0.10	0.12	0.12	0.14	0.14
灰浆搅拌机 200L	台班	208.76	0.15	0.14	0.14	0.14	0.09	0.14	0.14	0.15	0.14	0.15
卷扬机 带40m塔 50kN	台班	242.92	0.13	0.18	0.15	0.14	0.23	0.21	0.25	0.25	0.29	0.29
磨砖机 4kW	台班	22.61	—	0.05	0.05	0.05	0.09	0.15	0.07	0.02	0.10	0.05
切砖机 5.5kW	台班	32.04	—	0.12	0.12	0.12	0.12	0.16	0.18	0.18	0.25	0.35
离心通风机 335m³	台班	85.70	—	0.12	0.12	0.12	0.09	0.14	0.12	0.07	0.30	0.24
金刚石磨光机	台班	35.27	—	—	—	—	—	0.17	0.01	0.01	—	—

材料　机械

编　号			4-105	4-106	4-107	4-108	4-109
项　　目			黏土格子砖	高铝格子砖	硅质格子砖	莫来石格子砖	硅线石格子砖
			多孔				
预算基价	总　　价(元)		**386.70**	**399.72**	**399.37**	**454.56**	**420.98**
	人　工　费(元)		319.95	326.70	318.60	378.00	345.60
	材　料　费(元)		6.20	10.12	20.22	10.12	10.12
	机　械　费(元)		60.55	62.90	60.55	66.44	65.26
组　成　内　容		单位	单价	数　　量			
人工	综合工	工日	135.00	2.37	2.42	2.36	2.80	2.56
材料	黏土格子砖	t	—	(1.03)	—	—	—	—
	高铝格子砖 H27	t	—	—	(1.03)	—	—	—
	硅质格子砖	t	—	—	—	(1.03)	—	—
	莫来石格子砖	t	—	—	—	—	(1.03)	—
	硅线石格子砖	t	—	—	—	—	—	(1.03)
	发泡苯乙烯	kg	20.02	0.3	0.5	1.0	0.5	0.5
	水	m³	7.62	0.02	—	0.02	—	—
	金刚石砂轮片 D400	片	21.86	0.002	0.005	0.002	0.005	0.005
机械	叉式起重机 3t	台班	484.07	0.06	0.06	0.06	0.06	0.06
	切砖机 5.5kW	台班	32.04	0.02	0.04	0.02	0.07	0.06
	离心通风机 335m³	台班	85.70	0.02	0.04	0.02	0.07	0.06
	卷扬机 带40m塔 50kN	台班	242.92	0.12	0.12	0.12	0.12	0.12

三、鱼雷形混铁车

单位：m³

编　号			4-110	4-111	4-112	4-113	4-114	4-115
项　目			黏土质耐火砖		高铝砖		莫来石砖	铝碳化硅砖
			普通泥浆	高强泥浆	普通泥浆	高强泥浆		
预算基价	总　　价(元)		**2305.36**	**3146.40**	**3031.71**	**3853.84**	**4479.82**	**3836.13**
	人　工　费(元)		1826.55	1996.65	2340.90	2566.35	2934.90	2628.45
	材　料　费(元)		87.08	743.20	195.31	782.63	969.86	634.70
	机　械　费(元)		391.73	406.55	495.50	504.86	575.06	572.98
组 成 内 容	单位	单价	数　　量					
人工 综合工	工日	135.00	13.53	14.79	17.34	19.01	21.74	19.47
材料 黏土质耐火砖 N-2a	t	—	(2.147)	(2.147)	—	—	—	—
高铝砖 LZ-65	t	—	—	—	(2.608)	(2.608)	—	—
莫来石砖	t	—	—	—	—	—	(2.881)	—
铝碳化硅砖	t	—	—	—	—	—	—	(2.879)
黏土质耐火泥 NF-40细粒	kg	0.52	160					
水	m³	7.62	0.25	0.24	0.53	0.52	0.05	0.06
碳化硅砂轮 D290×185	个	131.53	0.01	0.01	0.12	0.12	0.13	0.13
金刚石砂轮片 D400	片	21.86	0.03	0.03	0.08	0.08	0.14	0.14
高强泥浆	kg	2.47	—	200	—	200	200	—
添加剂	kg	12.27	—	20	—	20	20	—
高铝质火泥 LF-70细粒	kg	0.80	—	—	190	—	—	—
木板	m³	1672.03	—	—	0.013	0.013	0.018	0.012
冷却液	kg	6.66	—	—	—	—	27	27
铝碳化硅火泥	kg	2.18	—	—	—	—	—	190
机械 皮带运输机 10m	台班	303.30	0.11	0.12	0.14	0.14	0.15	0.15
叉式起重机 3t	台班	484.07	0.25	0.26	0.30	0.31	0.33	0.33
灰浆搅拌机 200L	台班	208.76	0.14	0.15	0.14	0.15	0.15	0.14
磨砖机 4kW	台班	22.61	0.07	0.07	0.34	0.34	0.37	0.37
切砖机 5.5kW	台班	32.04	0.33	0.33	0.64	0.64	1.04	1.04
离心通风机 335m³	台班	85.70	0.24	0.24	0.62	0.62	1.02	1.02
轴流风机 7.5kW	台班	42.17	1.74	1.74	1.74	1.74	1.74	1.74
卷扬机 带40m塔 50kN	台班	242.92	0.42	0.44	0.51	0.52	0.56	0.56

四、炼钢转炉

编　号			4-116	4-117	4-118	4-119	4-120	4-121	4-122
项　目			黏土质耐火砖	镁砖		焦油白云石砖		镁碳砖	出钢口镁砖
				湿砌	干砌	湿砌	干砌	干砌	
预算基价	总　　价（元）		**1358.41**	**2043.42**	**1659.30**	**1208.26**	**1417.20**	**1724.45**	**4689.59**
	人　工　费（元）		1098.90	1351.35	1277.10	911.25	1054.35	1368.90	4132.35
	材　料　费（元）		93.43	476.81	160.43	84.70	207.66	166.77	374.92
	机　械　费（元）		166.08	215.26	221.77	212.31	155.19	188.78	182.32
组 成 内 容		单位	单价	数　　　　量					
人工	综合工	工日	135.00	8.14	10.01	9.46	6.75	7.81	10.14	30.61
材料	黏土质耐火砖 N-2a	t	—	(2.107)	—	—	—	—	—	—
	镁砖 MZ-87	t	—	—	(2.738)	(2.765)	—	—	—	(2.752)
	焦油白云石砖	t	—	—	—	—	(2.813)	(2.828)	—	—
	镁碳砖 MT-12B	t	—	—	—	—	—	—	(2.731)	—
	黏土质耐火泥 NF-40细粒	kg	0.52	160	—	—	—	—	—	—
	水	m³	7.62	0.18	0.06	—	0.10	—	—	0.06
	碳化硅砂轮 D290×185	个	131.53	0.064	0.005	0.009	0.005	—	0.008	—
	金刚石砂轮片 D400	片	21.86	0.02	0.05	0.08	0.07	—	0.07	—
	镁质火泥 MF-82	kg	2.10	—	190	75	28	75	75	130
	卤水块	kg	1.35	—	56	—	17	—	—	38
	木板	m³	1672.03	—	—	—	—	0.030	0.004	0.030
机械	叉式起重机 3t	台班	484.07	0.11	0.17	0.15	0.15	0.16	0.16	0.16
	灰浆搅拌机 200L	台班	208.76	0.14	0.14	—	0.10	—	—	0.13
	磨砖机 4kW	台班	22.61	0.25	0.05	0.09	0.05	—	0.08	—
	切砖机 5.5kW	台班	32.04	0.23	0.17	0.61	0.36	—	0.27	—
	离心通风机 335m³	台班	85.70	0.20	0.17	0.61	0.36	—	0.27	—
	卷扬机 带40m塔 50kN	台班	242.92	0.22	0.34	0.31	0.31	0.32	0.32	0.32

五、电　炉

单位：m³

编　号			4-123	4-124	4-125	4-126	4-127	4-128	4-129
项　目			黏土质隔热耐火砖	黏土质耐火砖	镁砖 湿砌	高铝砖	镁碳砖 湿砌	镁砖 干砌	镁碳砖 干砌
预算基价	总　　　价（元）		**996.24**	**1385.40**	**2441.52**	**2523.32**	**2673.64**	**1796.52**	**2224.56**
	人　工　费（元）		778.95	1162.35	1699.65	2147.85	2003.40	1382.40	1779.30
	材　料　费（元）		104.97	92.18	539.91	186.96	439.57	254.94	243.82
	机　械　费（元）		112.32	130.87	201.96	188.51	230.67	159.18	201.44
组 成 内 容	单位	单价	数　量						
人工　综合工	工日	135.00	5.77	8.61	12.59	15.91	14.84	10.24	13.18
材料　黏土质隔热耐火砖 NG-1.3a	t	—	(1.252)	—	—	—	—	—	—
黏土质耐火砖 N-2a	t	—	—	(2.125)	—	—	—	—	—
镁砖 MZ-87	t	—	—	—	(2.775)	—	—	(2.848)	—
高铝砖 DL-80	t	—	—	—	—	(2.826)	—	—	—
镁碳砖 MT-12B	t	—	—	—	—	—	(2.837)	—	(2.842)
黏土质耐火泥 NF-40细粒	kg	0.52	190	160	—	—	—	—	—
卤水块	kg	1.35	0.24	0.24	56.00	—	28.00	—	—
水	m³	7.62	0.06	0.06	0.06	0.06	0.06	—	—
黄板纸	m²	1.47	0.01	0.06	0.20	0.82	—	—	—
碳化硅砂轮 D290×185	个	131.53	0.005	0.060	0.175	0.210	0.321	0.425	0.321
碳化硅砂轮片 D400×25×(3～4)	片	19.64	0.24	—	2.03	—	2.16	2.03	2.16
金刚石砂轮片 D400	片	21.86	—	0.01	—	0.03	—	—	—
镁质火泥 MF-82	kg	2.10	—	—	190	—	150	75	75
木板	m³	1672.03	—	—	0.001	0.003	0.001	0.001	0.001
高铝质火泥 LF-70细粒	kg	0.80	—	—	—	190	—	—	—
机械　皮带运输机 10m	台班	303.30	0.08	0.10	0.14	0.14	0.16	0.14	0.16
叉式起重机 3t	台班	484.07	0.09	0.11	0.16	0.16	0.17	0.15	0.17
灰浆搅拌机 200L	台班	208.76	0.14	0.14	0.14	0.14	0.14	—	—
磨砖机 4kW	台班	22.61	0.05	0.25	0.49	0.55	0.87	0.53	0.87
切砖机 5.5kW	台班	32.04	0.12	0.12	0.42	0.12	0.44	0.12	0.44
离心通风机 335m³	台班	85.70	0.12	0.10	0.33	0.22	0.43	0.33	0.43
金刚石磨光机	台班	35.27	—	—	—	0.12	—	—	—

六、步进式加热炉

单位：m³

编号			4-130	4-131	4-132	4-133	4-134	4-135	4-136	4-137
项 目			红砖	硅藻土隔热砖	黏土质隔热耐火砖	高铝质隔热耐火砖	黏土质		高铝砖	高铝吊挂砖
							耐火砖	吊挂砖		
预算基价	总　　价(元)		**1042.16**	**857.89**	**897.79**	**1021.54**	**1431.58**	**1880.99**	**1970.27**	**2667.35**
	人 工 费(元)		660.15	571.05	630.45	695.25	1146.15	1679.40	1486.35	2415.15
	材 料 费(元)		223.83	180.45	106.00	181.03	87.03	21.82	170.63	37.37
	机 械 费(元)		158.18	106.39	161.34	145.26	198.40	179.77	313.29	214.83
组 成 内 容	单位	单价	数　　量							
人工	综合工	工日	135.00	4.89	4.23	4.67	5.15	8.49	12.44	11.01	17.89
材料	红砖	千块	—	(0.555)	—	—	—	—	—	—	—
	硅藻土隔热砖 GG-0.7	t	—	—	(0.676)	—	—	—	—	—	—
	黏土质隔热耐火砖 NG-1.3a	t	—	—	—	(1.282)	—	—	—	—	—
	高铝质隔热耐火砖 LG-1.0	t	—	—	—	—	(0.967)	—	—	—	—
	黏土质耐火砖 N-2a	t	—	—	—	—	—	(2.121)	(2.298)	—	—
	高铝砖 LZ-65	t	—	—	—	—	—	—	—	(2.591)	(2.821)
	硅酸盐水泥 42.5级	kg	0.41	158	—	—	—	—	—	—	—
	黏土质耐火泥 NF-40细粒	kg	0.52	294	60	190	—	159	16	—	—
	水	m³	7.62	0.14	0.06	0.06	0.06	0.22	—	0.80	—
	碳化硅砂轮片 D400×25×(3～4)	片	19.64	0.26	0.02	0.31	0.24	—	—	—	—
	硅藻土粉 熟料 120目	kg	1.06	—	140	—	—	—	—	—	—
	碳化硅砂轮 D290×185	个	131.53	—	—	0.005	0.005	0.017	0.101	0.082	0.121
	高铝质火泥 LF-70细粒	kg	0.80	—	—	—	219	—	—	190	26
	金刚石砂轮片 D400	片	21.86	—	—	—	—	0.02	0.01	0.08	0.03
机械	皮带运输机 10m	台班	303.30	0.09	0.05	0.08	0.07	0.10	0.10	0.13	0.13
	叉式起重机 3t	台班	484.07	0.19	0.12	0.18	0.16	0.23	0.23	0.29	0.28
	灰浆搅拌机 200L	台班	208.76	0.15	0.15	0.14	0.15	0.14	—	0.15	—
	切砖机 5.5kW	台班	32.04	0.13	0.03	0.21	0.12	0.26	0.12	0.87	0.12
	离心通风机 335m³	台班	85.70	0.04	0.01	0.15	0.12	0.20	0.31	0.83	0.32
	磨砖机 4kW	台班	22.61	—	—	0.05	0.05	0.09	0.34	0.14	0.38

编　号			4-138	4-139	4-140	4-141	4-142	4-143	4-144
项　目			半硅砖	镁铝砖	莫来石砖	耐火浇注料		隔热耐火浇注料	耐火可塑料
						炉体	步进梁		
预算基价	总　　价(元)		**1816.93**	**2267.19**	**2566.91**	**2799.17**	**3579.29**	**2127.31**	**4445.65**
	人　工　费(元)		1522.80	1453.95	1783.35	2199.15	3114.45	1690.20	3574.80
	材　料　费(元)		99.31	485.53	417.23	302.78	1.68	251.17	447.15
	机　械　费(元)		194.82	327.71	366.33	297.24	463.16	185.94	423.70
组　成　内　容	单位	单价	数　　量						
人工 综合工	工日	135.00	11.28	10.77	13.21	16.29	23.07	12.52	26.48
材料 半硅砖	t	—	(2.004)	—	—	—	—	—	—
镁铝砖 ML-80	t	—	—	(2.79)	—	—	—	—	—
莫来石砖 H21	t	—	—	—	(2.85)	—	—	—	—
耐火浇注料	m³	—	—	—	—	(1.06)	(1.06)	—	—
隔热耐火浇注料	m³	—	—	—	—	—	—	(1.06)	—
耐火可塑料	m³	—	—	—	—	—	—	—	(1.12)
水	m³	7.62	0.17	0.06	0.06	0.22	0.22	0.40	—
黏土质耐火泥 NF-40细粒	kg	0.52	182	—	—	—	—	—	—
碳化硅砂轮 D290×185	个	131.53	0.024	0.063	0.064	—	—	—	—
金刚石砂轮片 D400	片	21.86	0.01	0.10	0.15	—	—	—	—
镁质火泥 MF-82	kg	2.10	—	190	—	—	—	—	—
卤水块	kg	1.35	—	56	—	—	—	—	—

续前

单位：m³

编　号			4-138	4-139	4-140	4-141	4-142	4-143	4-144
项　目			半硅砖	镁铝砖	莫来石砖	耐火浇注料		隔热耐火浇注料	耐火可塑料
						炉体	步进梁		
组 成 内 容	单位	单价	数　　量						
材料	高铝质火泥 LF-70细粒	kg	0.80	—	—	190	—	—	—	—
	冷却液	kg	6.66	—	—	38	—	—	—	—
	木板	m³	1672.03	—	—	—	0.175	—	0.144	0.105
	圆钉 D70	kg	6.39	—	—	—	1.33	—	1.15	0.80
	塑料平板 PVC	m²	13.99	—	—	—	—	—	—	0.73
	塑料浪板 PVC	m²	38.27	—	—	—	—	—	—	0.81
	高压风管 D13	m	37.42	—	—	—	—	—	—	6.02
机械	皮带运输机 10m	台班	303.30	0.11	0.13	0.13	0.14	0.14	0.07	0.14
	叉式起重机 3t	台班	484.07	0.23	0.29	0.28	0.32	0.32	0.16	0.12
	灰浆搅拌机 200L	台班	208.76	0.14	0.15	0.15	—	—	—	—
	磨砖机 4kW	台班	22.61	0.11	0.20	0.20	—	—	—	—
	切砖机 5.5kW	台班	32.04	0.20	0.93	1.35	—	—	—	—
	离心通风机 335m³	台班	85.70	0.14	0.96	1.31	—	—	—	—
	涡桨式混凝土搅拌机 350L	台班	288.91	—	—	—	0.32	0.92	0.28	—
	木工圆锯机 D500	台班	26.53	—	—	—	0.28	—	0.24	0.20
	电动空气压缩机 10m³	台班	375.37	—	—	—	—	—	—	0.82
	风动凿岩机 手持式	台班	12.25	—	—	—	—	—	—	0.82

35

七、连续式加热炉

单位：m³

编　号			4-145	4-146	4-147	4-148	4-149	4-150	4-151
项　目			红砖	硅藻土隔热砖	黏土质隔热耐火砖	高铝质隔热耐火砖	黏土质耐火砖	镁砖	高铝砖
预算基价	总　　价(元)		**777.65**	**654.32**	**824.40**	**3882.80**	**1270.28**	**1811.98**	**1684.54**
	人　工　费(元)		550.80	395.55	585.90	3574.80	1008.45	1148.85	1370.25
	材　料　费(元)		93.43	169.26	104.63	182.61	93.44	480.43	153.77
	机　械　费(元)		133.42	89.51	133.87	125.39	168.39	182.70	160.52
组 成 内 容	单位	单价	数　　量						
人工 综合工	工日	135.00	4.08	2.93	4.34	26.48	7.47	8.51	10.15
材料 红砖	千块	—	(0.532)	—	—	—	—	—	—
硅藻土隔热砖 GG-0.7	t	—	—	(0.626)	—	—	—	—	—
黏土质隔热耐火砖 NG-1.3a	t	—	—	—	(1.242)	—	—	—	—
高铝质隔热耐火砖 LG-1.0	t	—	—	—	—	(0.977)	—	—	—
黏土质耐火砖 N-2a	t	—	—	—	—	—	(2.116)	—	—
镁砖 MZ-87	t	—	—	—	—	—	—	(2.723)	—
高铝砖 LZ-65	t	—	—	—	—	—	—	—	(2.579)
湿拌砌筑砂浆 M5.0	m³	330.94	0.28	—	—	—	—	—	—
水	m³	7.62	0.10	0.06	0.06	0.06	0.22	0.06	0.06
硅藻土粉 熟料 120目	kg	1.06	—	120	—	—	—	—	—
黏土质耐火泥 NF-40细粒	kg	0.52	—	80	190	—	165	—	—
碳化硅砂轮 D290×185	个	131.53	—	—	0.005	0.005	0.042	0.005	0.005
碳化硅砂轮片 D400×25×(3~4)	片	19.64	—	—	0.24	0.28	—	0.24	—
高铝质火泥 LF-70细粒	kg	0.80	—	—	—	220	—	—	190
金刚石砂轮片 D400	片	21.86	—	—	—	—	0.02	—	0.03
镁质火泥 MF-82	kg	2.10	—	—	—	—	—	190	—
卤水块	kg	1.35	—	—	—	—	—	56	—
机械 叉式起重机 3t	台班	484.07	0.08	0.06	0.09	0.08	0.11	0.14	0.13
灰浆搅拌机 200L	台班	208.76	0.15	0.15	0.15	0.14	0.14	0.14	0.14
筛砂机	台班	220.87	0.1	—	—	—	—	—	—
卷扬机 带40m塔 50kN	台班	242.92	0.17	0.12	0.18	0.16	0.23	0.29	0.26
磨砖机 4kW	台班	22.61	—	—	0.05	0.05	0.16	0.05	0.06
切砖机 5.5kW	台班	32.04	—	—	0.12	0.17	0.29	0.12	0.12
离心通风机 335m³	台班	85.70	—	—	0.12	0.14	0.20	0.12	—

八、环形加热炉

编 号				4-152	4-153	4-154	4-155	4-156	4-157	4-158
项 目				硅藻土隔热砖	黏土质隔热耐火砖	漂珠高强隔热砖	高铝质隔热耐火砖	黏土质耐火砖	高铝质锚固砖	高铝砖
预算基价	总 价(元)			**692.73**	**928.23**	**1004.61**	**1066.37**	**1355.77**	**3605.90**	**1736.82**
	人 工 费(元)			446.85	693.90	702.00	750.60	1119.15	2554.20	1377.00
	材 料 费(元)			158.46	102.55	183.01	183.40	85.68	791.60	167.58
	机 械 费(元)			87.42	131.78	119.60	132.37	150.94	260.10	192.24
组 成 内 容		单位	单价	数 量						
人工	综合工	工日	135.00	3.31	5.14	5.20	5.56	8.29	18.92	10.20
材料	硅藻土隔热砖 GG-0.7	t	—	(0.65)	—	—	—	—	—	—
	黏土质隔热耐火砖 NG-1.3a	t	—	—	(1.26)	—	—	—	—	—
	漂珠高强隔热耐火砖 PG-9	t	—	—	—	(0.886)	—	—	—	—
	高铝质隔热耐火砖 LG-1.0	t	—	—	—	—	(0.981)	—	—	—
	黏土质耐火砖 N-2a	t	—	—	—	—	—	(2.148)	—	—
	高铝砖 LZ-65	t	—	—	—	—	—	—	(2.623)	(2.608)
	硅藻土粉 熟料 120目	kg	1.06	100	—	—	—	—	—	—
	黏土质耐火泥 NF-40细粒	kg	0.52	100	186	—	—	154	—	—
	水	m³	7.62	0.06	0.06	0.06	0.06	0.06	—	0.06
	碳化硅砂轮 D290×185	个	131.53	—	0.005	0.005	0.005	0.037	—	0.110
	碳化硅砂轮片 D400×25×(3～4)	片	19.64	—	0.24	0.30	0.32	—	—	—

续前

单位：m³

编 号			4-152	4-153	4-154	4-155	4-156	4-157	4-158
项 目			硅藻土隔热砖	黏土质隔热耐火砖	漂珠高强隔热砖	高铝质隔热耐火砖	黏土质耐火砖	高铝质锚固砖	高铝砖
组 成 内 容	单位	单价	数 量						
材料 高铝质火泥 LF-70细粒	kg	0.80	—	—	220	220	—	—	190
金刚石砂轮片 D400	片	21.86	—	—	—	—	0.01	—	0.03
黄板纸	m²	1.47	—	—	—	—	0.04	—	—
木板	m³	1672.03	—	—	—	—	—	0.04	—
热轧薄钢板	t	3705.41	—	—	—	—	—	0.00003	—
热轧角钢 40～50	t	3752.16	—	—	—	—	—	0.023	—
热轧槽钢 8#	t	3621.57	—	—	—	—	—	0.00003	—
挂钩	kg	7.12	—	—	—	—	—	87.63	—
电焊条 E4303 D3.2	kg	7.59	—	—	—	—	—	1.88	—
机械 叉式起重机 3t	台班	484.07	0.06	0.09	0.07	0.08	0.11	0.14	0.14
灰浆搅拌机 200L	台班	208.76	0.14	0.14	0.15	0.15	0.14	—	0.14
卷扬机 带40m塔 50kN	台班	242.92	0.12	0.18	0.14	0.17	0.22	0.29	0.29
磨砖机 4kW	台班	22.61	—	0.05	0.05	0.05	0.16	0.01	0.32
切砖机 5.5kW	台班	32.04	—	0.12	0.20	0.22	0.12	—	0.12
离心通风机 335m³	台班	85.70	—	0.12	0.15	0.15	0.08	0.01	0.16
金刚石磨光机	台班	35.27	—	—	—	—	0.02	0.02	—
直流弧焊机 20kW	台班	75.06	—	—	—	—	—	1.6	—

九、罩式热处理炉

单位：m³

编　　号			4-159	4-160	4-161
项　　目			硅藻土隔热砖	黏土质隔热耐火砖	黏土质耐火砖
预算基价	总　　价(元)		**774.11**	**1563.92**	**3053.73**
	人 工 费(元)		494.10	1309.50	2805.30
	材 料 费(元)		180.06	104.63	79.33
	机 械 费(元)		99.95	149.79	169.10
组 成 内 容	单位	单价	数　　量		
人工 综合工	工日	135.00	3.66	9.70	20.78
材料 硅藻土隔热砖 GG-0.7	t	—	(0.65)	—	—
黏土质隔热耐火砖 NG-1.3a	t	—	—	(1.246)	—
黏土质耐火砖 N-2a	t	—	—	—	(2.152)
黏土质耐火泥 NF-40细粒	kg	0.52	60	190	150
硅藻土粉 熟料 120目	kg	1.06	140	—	—
水	m³	7.62	0.06	0.06	0.06
碳化硅砂轮 D290×185	个	131.53	—	0.005	0.005
碳化硅砂轮片 D400×25×(3~4)	片	19.64	—	0.24	—
金刚石砂轮片 D400	片	21.86	—	—	0.01
机械 叉式起重机 3t	台班	484.07	0.06	0.08	0.12
灰浆搅拌机 200L	台班	208.76	0.20	0.23	0.18
卷扬机 带40m塔 50kN	台班	242.92	0.12	0.16	0.25
磨砖机 4kW	台班	22.61	—	0.08	0.07
切砖机 5.5kW	台班	32.04	0.19	0.19	0.16
离心通风机 335m³	台班	85.70	—	0.19	0.07

十、均 热 炉

编 号			4-162	4-163	4-164	4-165	4-166	4-167	4-168
项 目			红砖 (m³)	硅藻土隔热砖 (m³)	黏土质耐火砖 (m³)	高铝砖 (m³)	硅砖 (m³)	镁砖 (m³)	换热室砌体 (t)
预算基价	总 价(元)		**792.22**	**668.36**	**1028.24**	**1325.18**	**1152.45**	**1811.98**	**1238.08**
	人 工 费(元)		550.80	406.35	788.40	1005.75	885.60	1148.85	1035.45
	材 料 费(元)		93.43	172.50	94.29	153.77	131.37	480.43	119.54
	机 械 费(元)		147.99	89.51	145.55	165.66	135.48	182.70	83.09
组 成 内 容	单位	单价	数 量						
人工 综合工	工日	135.00	4.08	3.01	5.84	7.45	6.56	8.51	7.67
材料 红砖	千块	—	(0.540)	—	—	—	—	—	—
硅藻土隔热砖 GG-0.7	t	—	—	(0.63)	—	—	—	—	—
黏土质耐火砖 N-2a	t	—	—	—	(2.082)	—	—	—	(1.030)
高铝砖 LZ-65	t	—	—	—	—	(2.56)	—	—	—
硅砖 GZ-93	t	—	—	—	—	—	(1.873)	—	—
镁砖 MZ-87	t	—	—	—	—	—	—	(2.745)	—
水	m³	7.62	0.10	0.06	0.06	0.06	0.06	0.06	0.03
湿拌砌筑砂浆 M5.0	m³	330.94	0.28	—	—	—	—	—	—
黏土质耐火泥 NF-40细粒	kg	0.52	—	74	177	—	—	—	—
硅藻土粉 熟料 120目	kg	1.06	—	126	—	—	—	—	—
碳化硅砂轮 D290×185	个	131.53	—	—	0.012	0.005	0.057	0.005	0.133

续前

编　　号			4-162	4-163	4-164	4-165	4-166	4-167	4-168
项　　目			红砖 （m³）	硅藻土隔热砖 （m³）	黏土质耐火砖 （m³）	高铝砖 （m³）	硅砖 （m³）	镁砖 （m³）	换热室砌体 （t）
组 成 内 容	单位	单价	数　　量						
材料	金刚石砂轮片 D400	片	21.86	—	—	0.01	0.03	0.01	—	—
	高铝质火泥 LF-70细粒	kg	0.80	—	—	—	190	—	—	—
	硅质火泥 GF-90	kg	0.77	—	—	—	—	160	—	—
	镁质火泥 MF-82	kg	2.10	—	—	—	—	—	190	—
	卤水块	kg	1.35	—	—	—	—	—	56	—
	碳化硅砂轮片 D400×25×（3～4）	片	19.64	—	—	—	—	—	0.24	—
	黏土熟料粉	kg	0.67	—	—	—	—	—	—	87
	铁矾土	kg	0.87	—	—	—	—	—	—	9
	水玻璃	kg	2.38	—	—	—	—	—	—	15
机械	叉式起重机 3t	台班	484.07	0.08	0.06	0.11	0.13	0.09	0.14	0.06
	灰浆搅拌机 200L	台班	208.76	0.15	0.15	0.15	0.14	0.14	0.14	0.01
	离心通风机 335m³	台班	85.70	0.17	—	0.03	0.06	0.09	0.12	0.15
	卷扬机 带40m塔 50kN	台班	242.92	0.17	0.12	0.22	0.26	0.19	0.29	0.12
	筛砂机	台班	220.87	0.1	—	—	—	—	—	—
	磨砖机 4kW	台班	22.61	—	—	0.05	0.06	0.22	0.05	0.44
	切砖机 5.5kW	台班	32.04	—	—	0.12	0.12	0.12	0.12	—

41

第二章　有色金属炉窑

说　明

一、本章适用范围：有色金属专业炉窑的砌筑工程。

二、本章基价中的有色金属专业炉子目，已综合了因砌筑部位不同、造型结构不同、配用砖型不同、砌体质量类别不同及砌筑方法不同而造成的差异因素。

三、本章基价各子目包括下列工作内容：砌筑地点的清扫与准备、放线、做标记、立线杆、材料的运输装卸、码垛、泥浆搅拌（包括添加剂中和）、砌筑（或吊装）、临时磨、切砖（含手加工）、原浆勾缝、质量自检与清废外运。此外还综合扩大了在砌筑（或吊装）前的选砖、预砌筑、集中砖加工、二次勾缝、吹风清扫或吸尘等次要工序。

四、本章基价各子目不包括下列工作内容：专业炉窑的烟道砌体工程、不定形耐火材料与辅助工程，如有发生时可分别参照本册基价第六章～第八章相应基价子目。

五、本章应注意的问题：

1. 铝电解槽：

(1) 本章基价适用于各种结构形式、规格的铝电解槽。

(2) 浇注磷生铁的工作内容，包括材料运输、下钢棒、做型、预热炭块、修炉、熔铁、浇注、清理炭块组和测量比电阻等。

(3) 捣打底糊缝的工作内容，包括材料运输、下钢棒、预热炭块、工具加热、底糊的破碎、加热和捣打、清理炭块组、测量比电阻等。

(4) 砌筑侧部炭块包括炭块加工、铣平、砌筑、固定、腻缝、调制石膏浆、灌石膏和清理炭块表面等。

(5) 阳极注型包括阳极糊的破碎、加热、运输、注型、插阳极棒、找正、焊钢筋、腻缝等。

(6) 铝壳制作安装，包括下料、切割、焊接、冲眼、安装。

(7) 阴、阳极棒按成品规格考虑。

(8) 本章基价未包括捣打糊底前的槽体加热与角部炭块改型加工，可根据批准的施工方案，另行补充。

2. 镁电解槽：

本章基价未包括石墨阳极板制作，隔热砖砌筑夹具费，发生时可按批准的方案另行计算。

3. 闪速炉：

(1) 本章基价已包括反拱底耐火砌体分层烘干费用，施工中发生的任何烘干措施不得另计。

(2) 闪速炉铬镁质砌体表面防水漆已纳入基价，不另计算。

4. 鼓风炉：

本章基价未包括施工中配合炉顶盖吊装机械，发生时另行计算。

5. 锌精馏炉：

本章基价包括范围仅限于锌精馏炉炉体及塔盘，其他附属设施，如熔化炉、纯锌槽、冷凝器、金属风体流槽、加液控制器等耐火衬里工程分别执行本册基价第六章一般工业炉窑与第七章不定形耐火材料相应基价子目。

工程量计算规则

一、有色金属炉窑：依据不同有色金属炉窑的种类、材料名称、型号和材料部位分别按设计图示尺寸以体积或质量计算。

二、计算工程量时应注意下列规定：

1.铝电解槽炭块组制作,应按浇注磷生铁或捣打底糊的净质量计算(不包括炭块和钢棒质量)。

2.铝电解槽阴极炭块安装,按成品炭块(主铣燕尾槽)的净质量计算。

3.铝电解槽捣打底糊,包括垫缝及槽延板和侧部炭块之间缝内的用量。

4.铝电解槽侧部炭块和角部炭块如采用毛坯加工,计算中只计加工后成品部分质量。

5.铝电解槽阳极注型计算,包括阳极糊的注型和腻缝。

6.镁电解槽石墨阳极加工制作工程量计算包括磷酸浸清。如加工中需要改型,其损耗量可按施工方案计算。

一、铝 电 解 槽

编　　号			4-169	4-170	4-171	4-172	4-173	4-174
项　　目			硅藻土隔热砖	黏土质耐火砖	阴极炭块组制作		捣打底糊缝垫	阴极方钢加工
					磷铸铁连接	底部糊连接		
			（m³）	（m³）	（t）	（t）	（t）	（t）
预算基价	总　　价（元）		**379.86**	**1151.87**	**3033.88**	**9313.02**	**1829.12**	**1123.58**
	人 工 费（元）		241.65	916.65	2443.50	6782.40	1467.45	675.00
	材 料 费（元）		89.80	89.79	293.32	—	75.00	45.05
	机 械 费（元）		48.41	145.43	297.06	2530.62	286.67	403.53
组 成 内 容	单位	单价	数　　量					
人工 综合工	工日	135.00	1.79	6.79	18.10	50.24	10.87	5.00
材料 硅藻土隔热砖 GG-0.7	t	—	（0.635）	—	—	—	—	—
黏土质耐火砖 N-2a	t	—	—	（2.111）	—	—	—	—
生铁	kg	—	—	—	（1190）	—	—	—
硅铁 含硅75%～95%	kg	—	—	—	（35）	—	—	—
磷铁 含磷＞17%	kg	—	—	—	（87）	—	—	—
底部糊 THY	t	—	—	—	—	（1.080）	（1.085）	—
方钢	t	—	—	—	—	—	—	（1.025）
硅藻土粉 熟料 120目	kg	1.06	70	—	—	—	—	—
黏土质耐火泥 NF-40细粒	kg	0.52	30	160	—	—	—	—
水	m³	7.62	—	0.06	—	—	—	—
碳化硅砂轮 D290×185	个	131.53	—	0.045	—	—	—	—
金刚石砂轮片 D400	片	21.86	—	0.01	—	—	—	—
废钢	t	1735.36	—	—	0.168	—	—	—

续前

编　　号			4-169	4-170	4-171	4-172	4-173	4-174
项　　目			硅藻土隔热砖 （m³）	黏土质耐火砖 （m³）	阴极炭块组制作		捣打底糊缝垫 （t）	阴极方钢加工 （t）
					磷铸铁连接 （t）	底部糊连接 （t）		
组　成　内　容	单位	单价	数　　量					
材料 石灰石统料	t	25.74	—	—	0.069	—	—	—
焦炭	kg	1.25	—	—	—	—	60	—
型钢	t	3699.72	—	—	—	—	—	0.0035
氧气	m³	2.88	—	—	—	—	—	3
乙炔气	kg	14.66	—	—	—	—	—	1.6
机械 叉式起重机 3t	台班	484.07	0.10	0.21	0.25	0.13	0.13	—
灰浆搅拌机 200L	台班	208.76	—	0.14	—	—	—	—
磨砖机 4kW	台班	22.61	—	0.17	—	—	—	—
切砖机 5.5kW	台班	32.04	—	0.12	—	—	—	—
离心通风机 335m³	台班	85.70	—	0.08	—	—	—	—
电动双梁起重机 5t	台班	190.91	—	—	0.45	5.20	0.10	0.20
混捏加热炉 1000L	台班	93.99	—	—	0.45	4.50	0.33	—
中频感应炉 250kW	台班	40.89	—	—	1	—	—	—
电动葫芦 单速 2t	台班	31.60	—	—	0.22	—	—	—
电动空气压缩机 10m³	台班	375.37	—	—	—	2.60	0.26	—
颚式破碎机 250×400	台班	304.16	—	—	—	0.25	0.25	—
汽车式起重机 8t	台班	767.15	—	—	—	—	—	0.4
校直机	台班	28.53	—	—	—	—	—	0.5
半自动切割机 100mm	台班	88.45	—	—	—	—	—	0.5

48

编 号				4-175	4-176	4-177	4-178	4-179	4-180
项 目				安装阴极炭块组 （t）	砌侧部炭块 （t）	阴阳极钢棒砂洗 （t）	阳极铝壳 制作、安装 （100kg）	铺钢板 （100kg）	阳极注型 （t）
预算基价	总 价（元）			**573.91**	**1447.88**	**559.53**	**908.53**	**282.88**	**814.21**
	人 工 费（元）			383.40	1201.50	317.25	876.15	251.10	567.00
	材 料 费（元）			48.05	55.21	116.48	—	25.68	139.39
	机 械 费（元）			142.46	191.17	125.80	32.38	6.10	107.82
组 成 内 容		单位	单价	数 量					
人工	综合工	工日	135.00	2.84	8.90	2.35	6.49	1.86	4.20
材料	炭块	t	—	(1.05)	(1.03)	—	—	—	—
	钢棒阴阳极	t	—	—	—	(1)	—	—	—
	铝板	kg	—	—	—	—	(102)	—	—
	普通钢板 2	t	—	—	—	—	—	(0.102)	—
	阳极糊 THY	kg	—	—	—	—	—	—	(1020)
	石棉粉	kg	2.14	2.5	—	—	—	—	—
	石棉绒（综合）	kg	12.32	2.5	—	—	—	—	—
	水玻璃	kg	2.38	5	—	—	—	—	—
	水	m³	7.62	—	0.09	—	—	—	—
	石膏粉	kg	0.94	—	58	—	—	—	—
	石英砂	kg	0.28	—	—	416	—	—	—
	页岩标砖 240×115×53	千块	513.60	—	—	—	—	0.050	—
	圆钢 D5.5～9.0	t	3896.14	—	—	—	—	—	0.00062
	煤	t	527.83	—	—	—	—	—	0.25
	木板	m³	1672.03	—	—	—	—	—	0.003
机械	电动双梁起重机 5t	台班	190.91	0.10	—	—	—	—	0.06
	叉式起重机 3t	台班	484.07	0.11	0.11	0.11	0.01	0.01	0.13
	载货汽车 4t	台班	417.41	0.15	—	—	—	—	—
	电动空气压缩机 10m³	台班	375.37	0.02	—	0.15	—	—	—
	电动葫芦 单速 2t	台班	31.60	—	0.33	0.15	0.04	0.04	—
	轴流风机 7.5kW	台班	42.17	—	0.43	0.15	—	—	—
	卧式铣床 400×1600	台班	254.32	—	0.43	—	—	—	—
	喷砂除锈机 3m³/min	台班	34.55	—	—	0.15	—	—	—
	直流弧焊机 20kW	台班	75.06	—	—	—	0.35	—	—
	颚式破碎机 250×400	台班	304.16	—	—	—	—	—	0.10
	交流弧焊机 21kV·A	台班	60.37	—	—	—	—	—	0.05

49

二、镁电解槽

编号			4-181	4-182	4-183	4-184	4-185	4-186	4-187
项 目			硅藻土隔热砖 (m³)	黏土质耐火砖 (m³)	高铝砖 (m³)	铸石板安装 (m³)	隔板砌筑、安装 (t)	石墨阳极板 预制安装 (t)	钢阴极板 砂洗、安装 (t)
预算基价	总 价(元)		**673.11**	**1715.05**	**1984.08**	**2146.93**	**2839.05**	**4427.51**	**509.37**
	人 工 费(元)		403.65	1340.55	1518.75	1813.05	2720.25	3145.50	328.05
	材 料 费(元)		180.06	210.51	256.46	150.95	28.19	1155.61	61.55
	机 械 费(元)		89.40	163.99	208.87	182.93	90.61	126.40	119.77
组 成 内 容	单位	单价	数 量						
人工 综合工	工日	135.00	2.99	9.93	11.25	13.43	20.15	23.30	2.43
材料 硅藻土隔热砖 GG-0.7	t	—		(0.632)	—	—	—	—	—
黏土质耐火砖 N-2a	t	—	—		(2.118)	—	—	—	—
高铝砖 LZ-65	t	—	—	—		(2.574)	—	—	—
铸石板	t	—	—	—	—		(2.22)	—	—
黏土质耐火浇注料预制块 N-2a	t	—	—	—	—	—		(1.05)	—
石墨块 毛坯	kg	—	—	—	—	—	—		(1015)
钢板 50	t	—	—	—	—	—	—	—	(1)
黏土质耐火泥 NF-40细粒	kg	0.52	60	—	—	—	—	—	—
硅藻土粉 熟料 120目	kg	1.06	140	—	—	—	—	—	—
水	m³	7.62	0.06	0.12	0.25	0.12			
辉绿岩粉	kg	0.65	—	96	109	69	11	25	5
氟硅酸钠	kg	7.99	—	6.0	7.0	4.0	0.5	1.0	0.2
水玻璃	kg	2.38	—	38.0	44.0	27.0	4.5	25.0	5.0

续前

编　号			4-181	4-182	4-183	4-184	4-185	4-186	4-187
项　目			硅藻土隔热砖（m³）	黏土质耐火砖（m³）	高铝砖（m³）	铸石板安装（m³）	隔板砌筑、安装（t）	石墨阳极预制安装（t）	钢阴极板砂洗、安装（t）
组　成　内　容	单位	单价	数　　量						
材	碳化硅砂轮 D290×185	个	131.53	—	0.064	0.167	0.065	0.046	—	—
	金刚石砂轮片 D400	片	21.86	—	0.018	0.050	0.019	0.013	—	—
	石墨条	kg	7.47	—	—	—	—	—	50	—
	石墨粉	kg	7.01	—	—	—	—	—	7	—
料	钒土水泥 32.5级	kg	1.40	—	—	—	—	—	6	—
	磷酸 85%	kg	4.93	—	—	—	—	—	130	—
	石英砂	kg	0.28	—	—	—	—	—	—	160
机	叉式起重机 3t	台班	484.07	0.12	0.21	0.25	0.25	0.12	0.12	0.11
	灰浆搅拌机 200L	台班	208.76	0.15	0.15	0.15	0.13	—	—	—
	磨砖机 4kW	台班	22.61	—	0.25	0.46	0.25	0.15	—	—
	切砖机 5.5kW	台班	32.04	—	0.23	0.37	0.23	0.16	—	—
	离心通风机 335m³	台班	85.70	—	0.21	0.40	0.21	0.14	—	0.11
	电动空气压缩机 10m³	台班	375.37	—	—	—	0.01	—	—	0.11
	电动葫芦 单速 2t	台班	31.60	—	—	—	—	0.38	0.38	0.38
	摇臂钻床 D25	台班	8.81	—	—	—	—	—	0.25	—
械	木工平刨床 D500	台班	23.51	—	—	—	—	—	0.27	—
	木工带锯机 D1250	台班	191.00	—	—	—	—	—	0.25	—
	喷砂除锈机 3m³/min	台班	34.55	—	—	—	—	—	—	0.11

51

三、闪 速 炉

编 号			4-188	4-189	4-190
项 目			黏土质隔热耐火砖	黏土质耐火砖	铬镁砖
预算基价	总 价(元)		**1467.12**	**1490.76**	**3246.84**
	人 工 费(元)		1081.35	1096.20	2238.30
	材 料 费(元)		261.26	247.66	728.14
	机 械 费(元)		124.51	146.90	280.40
组 成 内 容	单位	单价	数　　量		
人工 综合工	工日	135.00	8.01	8.12	16.58
材料 黏土质隔热耐火砖 NG-1.3a	t	—	(1.28)	—	—
黏土质耐火砖 N-2a	t	—	—	(2.12)	—
镁铬砖 MGe-8	t	—	—	—	(2.94)
黏土质耐火泥 NF-40细粒	kg	0.52	140	160	—
电	kW·h	0.73	250	216	—
水	m³	7.62	0.06	0.06	0.06
碳化硅砂轮 D290×185	个	131.53	0.006	0.008	0.191
碳化硅砂轮片 D400×25×(3～4)	片	19.64	0.24	—	4.13
木板	m³	1672.03	—	0.003	0.008
型钢	t	3699.72	—	0.00001	—
金刚石砂轮片 D400	片	21.86	—	0.01	—
镁质火泥 MF-82	kg	2.10	—	—	177
卤水块	kg	1.35	—	—	52
钢垫片 0.8	kg	8.87	—	—	15.07
钢吊挂垫片 1.5	kg	6.49	—	—	2.06
钢销钉 16×55	kg	7.21	—	—	2.47
黄板纸	m²	1.47	—	—	0.9
机械 叉式起重机 3t	台班	484.07	0.08	0.11	0.17
灰浆搅拌机 200L	台班	208.76	0.14	0.14	0.19
磨砖机 4kW	台班	22.61	0.05	0.06	0.52
切砖机 5.5kW	台班	32.04	0.12	0.14	0.77
离心通风机 335m³	台班	85.70	0.12	0.06	0.46
卷扬机 带40m塔 50kN	台班	242.92	0.17	0.22	0.34

四、炼铜反射炉

编 号			4-191	4-192	4-193	4-194	4-195	4-196	4-197	4-198
项 目			硅藻土隔热砖	黏土质隔热耐火砖	黏土质耐火砖	硅砖	镁砖		镁铝砖	
							湿砌	干砌	湿砌	吊挂砌
预算基价	总 价(元)		**479.57**	**889.81**	**1219.22**	**1702.12**	**2345.41**	**1826.84**	**2755.20**	**2939.81**
	人 工 费(元)		338.85	653.40	969.30	1437.75	1655.10	1482.30	2037.15	2097.90
	材 料 费(元)		89.80	104.63	89.53	113.91	489.90	174.53	491.03	658.68
	机 械 费(元)		50.92	131.78	160.39	150.46	200.41	170.01	227.02	183.23
组 成 内 容	单位	单价	数 量							
人工 综合工	工日	135.00	2.51	4.84	7.18	10.65	12.26	10.98	15.09	15.54
硅藻土隔热砖 GG-0.7	t	—	(0.67)	—	—	—	—	—	—	—
黏土质隔热耐火砖 NG-1.3a	t	—	—	(1.25)	—	—	—	—	—	—
黏土质耐火砖 N-2a	t	—	—	—	(2.103)	—	—	—	—	—
硅砖 GZ-95	t	—	—	—	—	(1.891)	—	—	—	—
镁砖 MZ-87	t	—	—	—	—	—	(2.775)	(2.820)	—	—
镁铝砖 ML-80	t	—	—	—	—	—	—	—	(2.978)	(3.102)
黏土质耐火泥 NF-40细粒	kg	0.52	30	190	160	—	—	—	—	—
硅藻土粉 熟料 120目	kg	1.06	70	—	—	—	—	—	—	—
水	m³	7.62	—	0.06	0.06	0.06	0.06	—	0.06	—
碳化硅砂轮 D290×185	个	131.53	—	0.005	0.043	0.041	0.077	0.080	0.072	0.116
碳化硅砂轮片 D400×25×(3～4)	片	19.64	—	0.24	—	—	0.24	0.24	0.24	0.24
金刚石砂轮片 D400	片	21.86	—	—	0.01	0.01	—	—	—	—
硅质火泥 GF-90	kg	0.77	—	—	—	140	—	—	—	—
黄板纸	m²	1.47	—	—	—	0.03	—	0.08	0.08	—
镁质火泥 MF-82	kg	2.10	—	—	—	—	190	75	190	—
卤水块	kg	1.35	—	—	—	—	56	—	56	—
木板	m³	1672.03	—	—	—	—	—	0.001	0.001	—
钢板垫板 δ1～2	t	4954.18	—	—	—	—	—	—	—	0.125
开口销 D16×55	个	1.08	—	—	—	—	—	—	—	18
叉式起重机 3t	台班	484.07	0.05	0.09	0.12	0.11	0.15	0.15	0.18	0.16
卷扬机 带40m塔 50kN	台班	242.92	0.11	0.18	0.24	0.22	0.30	0.30	0.36	0.32
灰浆搅拌机 200L	台班	208.76	—	0.14	0.14	0.14	0.15	—	0.14	—
磨砖机 4kW	台班	22.61	—	0.05	0.18	0.17	0.23	0.27	0.25	0.35
切砖机 5.5kW	台班	32.04	—	0.12	0.12	0.12	0.12	0.12	0.12	0.12
离心通风机 335m³	台班	85.70	—	0.12	0.08	0.08	0.17	0.17	0.16	0.19

五、鼓 风 炉

单位：m³

编　号			4-199	4-200	4-201	4-202	4-203	4-204
项　目			高铝质隔热耐火砖	黏土质耐火砖	高铝砖	碳化硅砖	镁砖	
							湿砌	干砌
预算基价	总　　价(元)		**1072.28**	**1238.16**	**1592.54**	**3141.43**	**2457.92**	**1925.63**
	人　工　费(元)		773.55	1008.45	1233.90	1482.30	1698.30	1518.75
	材　料　费(元)		181.83	84.53	138.68	1480.34	540.57	225.51
	机　械　费(元)		116.90	145.18	219.96	178.79	219.05	181.37
组 成 内 容	单位	单价	数　　　量					
人工　综合工	工日	135.00	5.73	7.47	9.14	10.98	12.58	11.25
材料 高铝质隔热耐火砖 LG-1.0	t	—	(0.96)	—	—	—	—	—
黏土质耐火砖 N-2a	t	—	—	(2.113)	—	—	—	—
高铝砖 LZ-65	t	—	—	—	(2.6)	—	—	—
碳化硅砖	t	—	—	—	—	(2.574)	—	—
镁砖 MZ-87	t	—	—	—	—	—	(2.811)	(2.874)
高铝质火泥 LF-70细粒	kg	0.80	220	—	160	—	—	—
水	m³	7.62	0.06	0.06	0.55	0.06	0.06	—
碳化硅砂轮 D290×185	个	131.53	0.005	0.005	0.041	0.005	0.083	0.087
碳化硅砂轮片 D400×25×(3～4)	片	19.64	0.24	—	—	—	2.78	2.78
黏土质耐火泥 NF-40细粒	kg	0.52	—	160	—	—	—	—
金刚石砂轮片 D400	片	21.86	—	0.01	0.05	0.04	—	—
碳化硅粉 TH180～280	kg	8.16	—	—	—	171	—	—
高铝生料粉	kg	0.61	—	—	—	19	—	—
水玻璃	kg	2.38	—	—	—	30	—	—
镁质火泥 MF-82	kg	2.10	—	—	—	—	190	75
卤水块	kg	1.35	—	—	—	—	56	—
木板	m³	1672.03	—	—	—	—	—	0.001
黄板纸	m²	1.47	—	—	—	—	—	0.2
机械 叉式起重机 3t	台班	484.07	0.07	0.11	0.15	0.14	0.14	0.13
灰浆搅拌机 200L	台班	208.76	0.15	0.14	0.15	0.15	0.15	—
磨砖机 4kW	台班	22.61	0.05	0.05	0.14	0.05	0.25	0.29
切砖机 5.5kW	台班	32.04	0.12	0.12	0.37	0.12	0.54	0.54
离心通风机 335m³	台班	85.70	0.12	0.05	0.30	0.05	0.31	0.31
卷扬机 带40m塔 50kN	台班	242.92	0.15	0.22	0.31	0.29	0.29	0.28

六、锌精馏炉

编号			4-205	4-206	4-207	4-208	4-209	4-210	4-211
项　目			高铝质隔热耐火砖（m³）	黏土质耐火砖（m³）	高铝砖（m³）	碳化硅砖（m³）	黏土筒心砖（t）	碳化硅塔盘	
								普通水泥（t）	磷泥（t）
预算基价	总　　　价（元）		**1029.28**	**1069.14**	**1598.61**	**3572.07**	**1369.29**	**8855.49**	**9146.82**
	人　工　费（元）		746.55	837.00	1275.75	1845.45	1115.10	8259.30	8688.60
	材　料　费（元）		165.83	84.53	153.77	1550.26	169.44	353.49	215.52
	机　械　费（元）		116.90	147.61	169.09	176.36	84.75	242.70	242.70
组 成 内 容	单位	单价	数　　量						
人工 综合工	工日	135.00	5.53	6.20	9.45	13.67	8.26	61.18	64.36
材料 高铝质隔热耐火砖 LG-1.0	t	—	(0.955)	—	—	—	—	—	—
黏土质耐火砖 N-2a	t	—	—	(2.122)	—	—	—	—	—
高铝砖 LZ-65	t	—	—	—	(2.58)	—	—	—	—
碳化硅砖	t	—	—	—	—	(2.574)	—	(1.008)	(1.008)
致密黏土砖	t	—	—	—	—	—	(1.03)	—	—
水	m³	7.62	0.06	0.06	0.06	0.06	0.03	—	—
高铝质火泥 LF-70细粒	kg	0.80	200	—	190	—	—	—	—
碳化硅砂轮 D290×185	个	131.53	0.005	0.005	0.005	0.005	0.018	0.230	0.230
碳化硅砂轮片 D400×25×（3～4）	片	19.64	0.24	—	—	—	—	—	—
黏土质耐火泥 NF-40细粒	kg	0.52	—	160	—	—	—	—	—
金刚石砂轮片 D400	片	21.86	—	0.01	0.03	0.04	—	—	—
碳化硅粉 TH180～280	kg	8.16	—	—	—	171.0	—	36.0	20.7
高铝水泥 42.5级	kg	1.65	—	—	—	19	—	—	—
木板	m³	1672.03	—	—	—	0.03	—	—	—
水玻璃	kg	2.38	—	—	—	30	—	12	—
高铝熟料粉	kg	0.71	—	—	—	—	110.0	—	2.2
磷酸 85%	kg	4.93	—	—	—	—	18	—	3
黏土生料粉	kg	0.23	—	—	—	—	—	4	—
机械 叉式起重机 3t	台班	484.07	0.07	0.11	0.13	0.14	0.06	0.07	0.07
灰浆搅拌机 200L	台班	208.76	0.15	0.14	0.15	0.15	0.10	—	—
磨砖机 4kW	台班	22.61	0.05	0.05	0.05	0.05	0.03	0.76	0.76
切砖机 5.5kW	台班	32.04	0.12	0.12	0.12	0.12	—	—	—
离心通风机 335m³	台班	85.70	0.12	0.05	0.05	0.05	0.03	0.76	0.76
卷扬机 带40m塔 50kN	台班	242.92	0.15	0.23	0.27	0.28	0.13	0.15	0.15
电动葫芦 单速 2t	台班	31.60	—	—	—	—	—	2.85	2.85

55

第三章　化　工　炉　窑

说　　明

一、本章适用范围：化工专业炉窑的砌筑工程。

二、本章基价中的化工专业炉子目，已综合了因砌筑部位不同、造型结构不同、配用砖型不同、砌体质量类别不同及砌筑方法不同而造成的差异因素。

三、本章基价各子目包括下列工作内容：砌筑地点的清扫与准备、放线、做标记、立线杆、材料的运输装卸、码垛、泥浆搅拌（包括添加剂中和）、砌筑（或吊装）、临时磨、切砖（含手加工）、原浆勾缝、质量自检与清废外运。此外还综合扩大了在砌筑（或吊装）前的选砖、预砌筑、集中砖加工、二次勾缝、吹风清扫或吸尘等次要工序。

四、本章基价各子目不包括下列工作内容：专业炉窑的烟道砌体工程、不定形耐火材料与辅助工程，如有发生时可分别参照本册基价第六章～第八章相应基价子目。

五、本章基价包括裂解炉（方形或圆形）、一段转化炉、二段转化炉与气化炉等四个炉种，其他加氢炉、焚烧炉、电石炉等，均执行本册基价第六章一般工业炉窑基价相应子目。蒸汽过热炉应执行裂解炉相应子目，其中已考虑了采用各种材质隔热耐火砖做工作面的因素。

工程量计算规则

一、化工炉窑：依据不同化工炉窑的种类、材料名称、型号和材料部位分别按设计图示尺寸以体积计算。

二、计算工程量时应注意下列规定：

1.拉钩砖砖槽内，无论是否放置金具，在计算时均不扣除。

2.内衬采用耐火纤维毡（板）层铺式结构时，其边缘搭接缝按设计要求计算。

3.挂砖拉钩垫铁，斜顶或斜墙部位每砖槽按2块计算，直墙部位每砖槽按1块计算，垫铁的单块质量依据设计施工图计算。

4.氧化铝空心球结构应按设计图示尺寸计算体积后再按密度折算工程量。

5.石油化工炉窑拉钩砖砖槽内，无论是否放置金具，在计算工程量时均免于扣除。

6.石油化工炉窑内衬工程，设计采用耐火纤维毡（板）层铺式结构时，其边缘搭接缝允许按20mm计算，也可按设计要求计算。

一、裂 解 炉

单位：m³

编　号			4-212	4-213	4-214	4-215	4-216	4-217
项　目			黏土质隔热耐火砖	高铝质隔热耐火砖	黏土质耐火砖		高铝砖	
					湿砌	干砌	湿砌	干砌
预算基价	总　　价(元)		**1351.59**	**1729.40**	**1311.38**	**1097.18**	**2999.90**	**2116.89**
	人　工　费(元)		1138.05	1455.30	1059.75	913.95	2601.45	1838.70
	材　料　费(元)		89.03	160.59	90.45	49.37	179.86	84.50
	机　械　费(元)		124.51	113.51	161.18	133.86	218.59	193.69
组 成 内 容	单位	单价	数　　量					
人工 综合工	工日	135.00	8.43	10.78	7.85	6.77	19.27	13.62
材料 黏土质隔热耐火砖 NG-1.3a	t	—	(1.285)	—	—	—	—	—
高铝质隔热耐火砖 LG-1.0	t	—	—	(0.99)	—	—	—	—
黏土质耐火砖 N-2a	t	—	—	—	(2.107)	(2.132)	—	—
高铝砖 LZ-65	t	—	—	—	—	—	(2.592)	(2.602)
黏土质耐火泥 NF-40细粒	kg	0.52	160	—	160	80	—	—
水	m³	7.62	0.06	0.06	0.18	0.18	0.40	0.40
碳化硅砂轮 D290×185	个	131.53	0.005	0.026	0.043	0.047	0.109	0.126
碳化硅砂轮片 D400×25×(3～4)	片	19.64	0.24	0.24	—	—	—	—
高铝质火泥 LF-70细粒	kg	0.80	—	190	—	—	202	80
金刚石砂轮片 D400	片	21.86	—	—	0.01	0.01	0.04	0.04
机械 叉式起重机 3t	台班	484.07	0.08	0.07	0.11	0.11	0.15	0.15
灰浆搅拌机 200L	台班	208.76	0.14	0.14	0.14	—	0.14	—
磨砖机 4kW	台班	22.61	0.05	0.10	0.18	0.22	0.34	0.38
切砖机 5.5kW	台班	32.04	0.12	0.12	0.18	0.18	0.22	0.22
离心通风机 335m³	台班	85.70	0.12	0.12	0.18	0.22	0.34	0.38
卷扬机 带40m塔 50kN	台班	242.92	0.17	0.14	0.22	0.21	0.30	0.30

二、气 化 炉

单位：m³

编 号			4-218	4-219	4-220	4-221	4-222	4-223	4-224
项 目			硅藻土隔热砖	黏土质隔热耐火砖	高铝质隔热耐火砖	黏土质耐火砖	高铝砖	碳化硅砖	刚玉砖
预算基价	总 价(元)		**705.62**	**1015.61**	**1440.32**	**1789.98**	**2105.50**	**4186.92**	**4075.08**
	人 工 费(元)		436.05	777.60	1123.20	1510.65	1684.80	2262.60	2182.95
	材 料 费(元)		180.06	106.01	184.35	104.12	185.87	1701.40	1671.00
	机 械 费(元)		89.51	132.00	132.77	175.21	234.83	222.92	221.13
组 成 内 容	单位	单价	数 量						
人工 综合工	工日	135.00	3.23	5.76	8.32	11.19	12.48	16.76	16.17
硅藻土隔热砖 GG-0.7	t	—	(0.645)	—	—	—	—	—	—
黏土质隔热耐火砖 NG-1.3a	t	—	—	(1.273)	—	—	—	—	—
高铝质隔热耐火砖 LG-1.0	t	—	—	—	(0.974)	—	—	—	—
黏土质耐火砖 N-2a	t	—	—	—	—	(2.137)	—	—	—
高铝砖 LZ-65	t	—	—	—	—	—	(2.605)	—	—
碳化硅砖	t	—	—	—	—	—	—	(2.527)	—
电熔刚玉砖 G30	t	—	—	—	—	—	—	—	(3.019)
硅藻土粉 熟料 120目	kg	1.06	140	—	—	—	—	—	—
黏土质耐火泥 NF-40细粒	kg	0.52	60	188	—	175	—	—	—
水	m³	7.62	0.06	0.06	0.06	0.49	1.09	0.74	0.74
木板	m³	1672.03	—	0.001	—	—	—	0.030	0.012
碳化硅砂轮 D290×185	个	131.53	—	0.010	0.020	0.060	0.181	0.104	—

续前

单位：m³

编　号			4-218	4-219	4-220	4-221	4-222	4-223	4-224
项　目			硅藻土隔热砖	黏土质隔热耐火砖	高铝质隔热耐火砖	黏土质耐火砖	高铝砖	碳化硅砖	刚玉砖
组成内容	单位	单价	数　　量						
碳化硅砂轮片 D400×25×（3～4）	片	19.64	－	0.24	0.24	－	－	－	－
黄板纸	m²	1.47	－	0.06	0.37	0.57	0.45	4.00	1.18
材　料	高铝质火泥 LF-70细粒	kg	0.80	－	－	220	－	190	－	－
	金刚石砂轮片 D400	片	21.86	－	－	－	0.03	0.05	0.09	0.10
	碳化硅粉 TH180～280	kg	8.16	－	－	－	－	－	171	－
	高铝生料粉	kg	0.61	－	－	－	－	－	19	－
	卤水块	kg	1.35	－	－	－	－	－	56	－
	冷却液	kg	6.66	－	－	－	－	－	21.25	－
	刚玉粉	kg	5.19	－	－	－	－	－	－	69
	刚玉砂	kg	9.73	－	－	－	－	－	－	120
	磷酸 85%	kg	4.93	－	－	－	－	－	－	20
	氢氧化铝 38%	kg	5.69	－	－	－	－	－	－	3
机　械	叉式起重机 3t	台班	484.07	0.06	0.09	0.08	0.12	0.15	0.15	0.18
	灰浆搅拌机 200L	台班	208.76	0.15	0.14	0.15	0.14	0.14	0.14	0.15
	卷扬机 带40m塔 50kN	台班	242.92	0.12	0.18	0.16	0.24	0.30	0.30	0.35
	磨砖机 4kW	台班	22.61	－	0.06	0.17	0.22	0.49	0.38	－
	切砖机 5.5kW	台班	32.04	－	0.12	0.17	0.18	0.22	0.22	0.15
	离心通风机 335m³	台班	85.70	－	0.12	0.17	0.22	0.49	0.38	0.15

三、一段转化炉

单位：m³

编　号			4-225	4-226	4-227	4-228	4-229	4-230	4-231
项　目			硅藻土隔热砖	黏土质隔热耐火砖	高铝质隔热耐火砖	黏土质耐火砖		高铝砖	
						湿砌	干砌	湿砌	干砌
预算基价	总　价（元）		**711.02**	**1184.08**	**1431.30**	**1308.60**	**1022.83**	**1649.96**	**1271.31**
	人　工　费（元）		441.45	945.00	1115.10	1039.50	828.90	1277.10	1071.90
	材　料　费（元）		180.06	104.64	192.99	96.49	53.49	164.54	53.03
	机　械　费（元）		89.51	134.44	123.21	172.61	140.44	208.32	146.38
组　成　内　容	单位	单价	数　量						
人工 综合工	工日	135.00	3.27	7.00	8.26	7.70	6.14	9.46	7.94
材料 硅藻土隔热砖 GG-0.7	t	—	(0.623)	—	—	—	—	—	—
黏土质隔热耐火砖 NG-1.3a	t	—	—	(1.25)	—	—	—	—	—
高铝质隔热耐火砖 LG-1.0	t	—	—	—	(0.978)	—	—	—	—
黏土质耐火砖 N-2a	t	—	—	—	—	(2.088)	(2.132)	—	—
高铝砖 LZ-65	t	—	—	—	—	—	—	(2.42)	(2.51)
硅藻土粉 熟料 120目	kg	1.06	140	—	—	—	—	—	—
黏土质耐火泥 NF-40细粒	kg	0.52	60	179	—	160	80	—	—
水	m³	7.62	0.06	0.06	0.06	0.50	0.30	0.20	0.20
黄板纸	m²	1.47	—	0.5	5.0	0.1	—	0.1	—
碳化硅砂轮 D290×185	个	131.53	—	0.043	0.034	0.066	0.068	0.076	0.020
碳化硅砂轮片 D400×25×（3～4）	片	19.64	—	0.24	0.24	—	—	—	—
高铝质火泥 LF-70细粒	kg	0.80	—	—	220	—	—	190	60
金刚石砂轮片 D400	片	21.86	—	—	—	0.03	0.03	0.04	0.04
机械 叉式起重机 3t	台班	484.07	0.06	0.09	0.08	0.11	0.10	0.14	0.13
灰浆搅拌机 200L	台班	208.76	0.15	0.14	0.14	0.14	—	0.14	—
卷扬机 带40m塔 50kN	台班	242.92	0.12	0.18	0.16	0.22	0.21	0.28	0.26
磨砖机 4kW	台班	22.61	—	0.13	0.10	0.25	0.29	0.32	0.14
切砖机 5.5kW	台班	32.04	—	0.12	0.12	0.30	0.30	0.27	0.16
离心通风机 335m³	台班	85.70	—	0.13	0.12	0.25	0.29	0.32	0.14

四、二段转化炉

编　号				4-232	4-233	4-234
项　目				高铝砖	氧化铝隔热砖	刚玉砖
预算基价	总　价(元)			**3498.89**	**3257.03**	**4528.36**
	人 工 费(元)			3114.45	1471.50	2620.35
	材 料 费(元)			186.95	1671.06	1673.97
	机 械 费(元)			197.49	114.47	234.04
组 成 内 容		单位	单价	数　量		
人工	综合工	工日	135.00	23.07	10.90	19.41
材料	高铝砖 LZ-65	t	—	(2.66)	—	—
	氧化铝隔热砖	t	—	—	(1.27)	—
	刚玉砖	t	—	—	—	(3.029)
	高铝质火泥 LF-70细粒	kg	0.80	190	—	—
	水	m³	7.62	0.40	0.20	0.30
	木板	m³	1672.03	0.008	0.012	0.012
	黄板纸	m²	1.47	5.0	1.4	1.9
	碳化硅砂轮 D290×185	个	131.53	0.080	0.010	0.040
	金刚石砂轮片 D400	片	21.86	0.03	—	0.10
	刚玉粉	kg	5.19	—	69	69
	刚玉砂	kg	9.73	—	120	120
	碳化硅砂轮片 D400×25×(3~4)	片	19.64	—	0.24	—
	磷酸 85%	kg	4.93	—	20	20
	氢氧化铝 38%	kg	5.69	—	3	3
机械	叉式起重机 3t	台班	484.07	0.15	0.07	0.19
	灰浆搅拌机 200L	台班	208.76	0.15	0.15	0.15
	磨砖机 4kW	台班	22.61	0.29	0.05	0.12
	切砖机 5.5kW	台班	32.04	0.12	0.12	0.17
	离心通风机 335m³	台班	85.70	0.12	0.12	0.12
	卷扬机 带40m塔 50kN	台班	242.92	0.30	0.14	0.38

第四章　建材工业炉窑

说　　明

一、本章适用范围：建材工业专业炉窑的砌筑工程。

二、本章基价中的建材工业炉子目，已综合了因砌筑部位不同、造型结构不同、配用砖型不同、砌体质量类别不同及砌筑方法不同而造成的差异因素。

三、本章基价各子目包括下列工作内容：砌筑地点的清扫与准备、放线、做标记、立线杆、材料的运输装卸、码垛、泥浆搅拌（包括添加剂中和）、砌筑（或吊装）、临时磨、切砖（含手加工）、原浆勾缝、质量自检与清废外运。此外还综合扩大了在砌筑（或吊装）前的选砖、预砌筑、集中砖加工、二次勾缝、吹风清扫或吸尘等次要工序。

四、本章基价各子目不包括下列工作内容：专业炉窑的烟道砌体工程、不定形耐火材料与辅助工程，如有发生时可分别参照本册基价第六章～第八章相应基价子目。

五、本章其他需要说明的问题：

1.玻璃熔窑子目适用于浮法、平板玻璃熔窑与所有玻璃制品的熔窑。

2.玻璃熔窑的窑体大旋拱胎木板与木方，基价消耗量为一次摊销量。

3.本章基价中回转窑子目适用于建材、有色金属、冶金与化工各个专业生产不同产品的回转窑。

4.本章基价未考虑玻璃熔窑中高强度大型耐火制品或组合砖的预组装与大型金刚石磨、刨机械加工，发生时可按批准的施工方案另行计算。

5.本章基价已考虑回转窑窑体砌砖所应用的金属撑砖器摊销因素，不论采取任何措施或砌砖方法均不得另计。

6.窑体直径小于1.5m的回转窑，参照本册基价第六章一般工业炉窑中管道内衬子目。

7.隧道窑基价中已综合考虑了窑车砌筑工程因素。

工程量计算规则

一、建材工业炉窑：依据不同建材工业炉窑的种类、材料名称、型号和材料部位分别按设计图示尺寸以体积或质量计算。

二、计算工程量时应注意下列规定：

1.玻璃熔窑熔池垂直支撑拱胎工程量，按砌体内直径的展开面积计算，根据拱跨大小按基价规定系数调整。

2.回转窑圆形砌体内衬不支拱胎采用活动撑砖器时，其消耗含量已在基价中包括，不再计算工程量。

一、玻 璃 熔 窑

编 号				4-235	4-236	4-237	4-238	4-239	4-240	4-241	4-242	4-243	4-244
项 目				红砖	硅藻土隔热砖	黏土质隔热耐火砖	硅质隔热耐火砖	高铝质隔热耐火砖	漂珠砖	黏土质耐火砖	低气孔黏土砖	大型黏土质耐火砖	硅砖
预算基价	总　　　价(元)			**883.53**	**616.33**	**967.51**	**1274.66**	**1083.10**	**1059.47**	**1048.06**	**1233.79**	**3443.72**	**1941.34**
	人　工　费(元)			626.40	345.60	757.35	993.60	796.50	714.15	792.45	955.80	2756.70	1676.70
	材　料　费(元)			93.43	180.63	81.09	143.77	158.49	227.51	93.37	97.09	—	109.67
	机　械　费(元)			163.70	90.10	129.07	137.29	128.11	117.81	162.24	180.90	687.02	154.97
组 成 内 容		单位	单价	数　　量									
人工	综合工	工日	135.00	4.64	2.56	5.61	7.36	5.90	5.29	5.87	7.08	20.42	12.42
材料	红砖	千块	—	(0.553)	—	—	—	—	—	—	—	—	—
	硅藻土隔热砖 GG-0.7	t	—	—	(0.629)	—	—	—	—	—	—	—	—
	黏土质隔热耐火砖 NG-1.3a	t	—	—	—	(1.283)	—	—	—	—	—	—	—
	硅质隔热耐火砖 QG-1.2	t	—	—	—	—	(1.16)	—	—	—	—	—	—
	高铝质隔热耐火砖 LG-1.0	t	—	—	—	—	—	(0.963)	—	—	—	—	—
	漂珠砖 PG-0.9	t	—	—	—	—	—	—	(0.891)	—	—	—	—
	黏土质耐火砖 N-2a	t	—	—	—	—	—	—	—	(2.084)	—	—	—
	黏土质耐火砖 GN-42	t	—	—	—	—	—	—	—	—	—	(2.210)	—
	低气孔黏土砖 DN-46	t	—	—	—	—	—	—	—	—	(2.319)	—	—
	硅砖 BG-95	t	—	—	—	—	—	—	—	—	—	—	(2.096)
	湿拌砌筑砂浆 M5.0	m³	330.94	0.28	—	—	—	—	—	—	—	—	—
	水	m³	7.62	0.10	0.06	0.06	0.06	0.06	0.06	0.06	0.06	—	0.06
	硅藻土粉 熟料 120目	kg	1.06	—	140	—	—	—	—	—	—	—	—

71

续前

编　号			4-235	4-236	4-237	4-238	4-239	4-240	4-241	4-242	4-243	4-244
项　目			红砖	硅藻土隔热砖	黏土质隔热耐火砖	硅质隔热耐火砖	高铝质隔热耐火砖	漂珠砖	黏土质耐火砖	低气孔黏土砖	大型黏土质耐火砖	硅砖
组 成 内 容	单位	单价	数　量									
	黏土质耐火泥 NF-40细粒	kg	0.52	—	60	146	—	—	—	173	177	—	
材	水玻璃	kg	2.38	—	0.24	—	—	—	29.00	—	—		
	碳化硅砂轮片 D400×25×（3～4）	片	19.64	—	—	0.24	0.24	0.24	0.24	—	—		
	硅质火泥 GF-90	kg	0.77	—	—	—	180	—	—	—	—	—	138
	高铝质火泥 LF-70细粒	kg	0.80	—	—	—	—	190	190	—	—		
料	碳化硅砂轮 D290×185	个	131.53	—	—	—	—	0.01	0.01	0.02	0.03	—	0.02
	金刚石砂轮片 D600	片	32.42	—	—	—	—	—	—	0.01	0.02	—	0.01
	皮带运输机 10m	台班	303.30	0.10	0.05	0.06	0.07	0.06	0.05	0.10	0.11	—	0.10
	叉式起重机 3t	台班	484.07	0.11	0.06	0.09	0.10	0.09	0.08	0.13	0.15	—	0.12
机	筛砂机	台班	220.87	0.1	—	—	—	—	—	—	—		
	灰浆搅拌机 200L	台班	208.76	0.15	0.15	0.15	0.14	0.14	0.14	0.14	0.14	—	0.14
	卷扬机 带40m塔 50kN	台班	242.92	0.11	0.06	0.09	0.10	0.09	0.08	0.13	0.15		0.12
	切砖机 5.5kW	台班	32.04	—	—	0.12	0.12	0.12	0.12	0.12	0.12	—	0.12
	离心通风机 335m³	台班	85.70	—	—	0.12	0.12	0.12	0.12	0.04	0.05		0.04
	磨砖机 4kW	台班	22.61	—	—	—	—	0.05	0.05	0.04	0.05	—	0.04
	少先吊 1t	台班	197.91	—	—	—	—	—	—	—	—	0.57	
械	卧式铣床 400×1600	台班	254.32	—	—	—	—	—	—	—	—	2	
	吸尘器	台班	2.97	—	—	—	—	—	—	—	—	0.8	
	电动葫芦 单速 2t	台班	31.60	—	—	—	—	—	—	—	—	2	

编号			4-245	4-246	4-247	4-248	4-249	4-250	4-251	4-252	4-253	4-254
项 目			高铝砖 (m³)	硅线石砖 (m³)	莫来石砖 (m³)	镁铬砖 (m³)	刚玉砖 (m³)	电容锆刚玉砖 (m³)	锆英石砖 (m³)	石墨块 (m³)	格子砖 (t)	窑顶大碹拱胎 (10m²)
预算基价	总 价(元)		**1698.78**	**1674.72**	**1855.86**	**1966.44**	**2758.07**	**2853.42**	**2511.32**	**883.63**	**273.15**	**2834.94**
	人 工 费(元)		1366.20	1215.00	1571.40	1263.60	2452.95	2538.00	2203.20	772.20	182.25	986.85
	材 料 费(元)		141.38	268.52	7.21	485.03	10.52	10.52	5.26	0.32	—	1804.31
	机 械 费(元)		191.20	191.20	277.25	217.81	294.60	304.90	302.86	111.11	90.90	43.78
组 成 内 容	单位	单价	数 量									
人工 综合工	工日	135.00	10.12	9.00	11.64	9.36	18.17	18.80	16.32	5.72	1.35	7.31
材料 高铝砖 LZ-65	t	—	(2.579)	—	—	—	—	—	—	—	—	—
硅线石砖	t	—	—	(2.631)	—	—	—	—	—	—	—	—
莫来石砖	t	—	—	—	(2.756)	—	—	—	—	—	—	—
镁铬砖 MGe-8	t	—	—	—	—	(2.75)	—	—	—	—	—	—
刚玉砖	t	—	—	—	—	—	(3.123)	—	—	—	—	—
电熔锆刚玉砖	t	—	—	—	—	—	—	(3.22)	—	—	—	—
锆英石砖	t	—	—	—	—	—	—	—	(3.306)	—	—	—
石墨块 毛坯	kg	—	—	—	—	—	—	—	—	(1739)	—	—
格子砖	t	—	—	—	—	—	—	—	—	—	(1.02)	—
水	m³	7.62	0.06	0.06	—	0.06	—	—	—	—	—	—
高铝质火泥 LF-70细粒	kg	0.80	170	—	—	—	—	—	—	—	—	—
碳化硅砂轮 D290×185	个	131.53	0.03	0.03	0.04	0.04	0.08	0.08	0.04	—	—	—
金刚石砂轮片 D600	片	32.42	0.03	0.05	0.06	—	—	—	—	0.01	—	—

73

续前

编　号			4-245	4-246	4-247	4-248	4-249	4-250	4-251	4-252	4-253	4-254
项　目			高铝砖（m³）	硅线石砖（m³）	莫来石砖（m³）	镁铬砖（m³）	刚玉砖（m³）	电容锆刚玉砖（m³）	锆英石砖（m³）	石墨块（m³）	格子砖（t）	窑顶大碹拱胎（10m²）
组成内容	单位	单价	数　量									
材料	硅线石火泥	kg	1.75	—	150	—	—	—	—	—	—	—	—
	镁质火泥 MF-82	kg	2.10	—	—	—	190	—	—	—	—	—	—
	卤水块	kg	1.35	—	—	—	56	—	—	—	—	—	—
	碳化硅砂轮片 D400×25×（3～4）	片	19.64	—	—	—	0.24	—	—	—	—	—	—
	木板	m³	1672.03	—	—	—	—	—	—	—	—	—	0.575
	铁件	kg	9.49	—	—	—	—	—	—	—	—	—	83.5
	圆钉 D70	kg	6.39	—	—	—	—	—	—	—	—	—	7.9
机械	皮带运输机 10m	台班	303.30	0.12	0.12	0.14	0.14	0.15	0.16	0.16	0.09	0.06	—
	叉式起重机 3t	台班	484.07	0.16	0.16	0.18	0.18	0.20	0.21	0.21	0.11	0.10	—
	灰浆搅拌机 200L	台班	208.76	0.14	0.14	—	0.14	—	—	—	—	—	—
	磨砖机 4kW	台班	22.61	0.05	0.05	0.05	0.05	0.21	0.21	0.12	—	—	—
	切砖机 5.5kW	台班	32.04	0.12	0.12	0.12	0.12	—	—	—	0.12	—	—
	离心通风机 335m³	台班	85.70	0.05	0.05	—	0.12	—	—	—	—	—	—
	卷扬机 带40m塔 50kN	台班	242.92	0.16	0.16	0.18	0.18	0.20	0.21	0.21	0.11	0.10	—
	少先吊 1t	台班	197.91	—	—	0.5	—	0.5	0.5	0.5	—	—	—
	木工圆锯机 D500	台班	26.53	—	—	—	—	—	—	—	—	—	1.03
	木工平刨床 D500	台班	23.51	—	—	—	—	—	—	—	—	—	0.7

74

二、隧 道 窑

编　号			4-255	4-256	4-257	4-258	4-259	4-260
项　目			红砖	黏土质隔热耐火砖	高铝质隔热耐火砖	黏土质耐火砖	高铝砖	硅砖
预算基价	总　　价(元)		**804.39**	**917.35**	**1072.21**	**1241.59**	**1589.50**	**1446.75**
	人　工　费(元)		564.30	675.00	758.70	992.25	1224.45	1165.05
	材　料　费(元)		93.43	100.99	181.83	81.95	160.61	120.87
	机　械　费(元)		146.66	141.36	131.68	167.39	204.44	160.83
组 成 内 容	单位	单价	数　　　量					
人工 综合工	工日	135.00	4.18	5.00	5.62	7.35	9.07	8.63
红砖	千块	—	(0.553)	—	—	—	—	—
黏土质隔热耐火砖 NG-1.3a	t	—	—	(1.249)	—	—	—	—
高铝质隔热耐火砖 LG-1.0	t	—	—	—	(0.966)	—	—	—
黏土质耐火砖 N-2a	t	—	—	—	—	(2.125)	—	—
高铝砖 LZ-65	t	—	—	—	—	—	(2.578)	—
硅砖 GZ-93	t	—	—	—	—	—	—	(1.878)
湿拌砌筑砂浆 M5.0	m³	330.94	0.28	—	—	—	—	—
水	m³	7.62	0.10	0.06	0.06	0.06	0.06	0.06
黏土质耐火泥 NF-40细粒	kg	0.52	—	183	—	152	—	—
碳化硅砂轮 D290×185	个	131.53	—	0.005	0.005	0.017	0.057	0.024
碳化硅砂轮片 D400×25×(3～4)	片	19.64	—	0.24	0.24	—	—	—
高铝质火泥 LF-70细粒	kg	0.80	—	—	220	—	190	—
金刚石砂轮片 D400	片	21.86	—	—	—	0.01	0.03	0.01
硅质火泥 GF-90	kg	0.77	—	—	—	—	—	152
皮带运输机 10m	台班	303.30	0.10	0.08	0.08	0.10	0.13	0.09
叉式起重机 3t	台班	484.07	0.13	0.15	0.13	0.20	0.25	0.19
灰浆搅拌机 200L	台班	208.76	0.15	0.14	0.14	0.14	0.14	0.14
筛砂机	台班	220.87	0.1	—	—	—	—	—
磨砖机 4kW	台班	22.61	—	0.05	0.05	0.09	0.18	0.11
切砖机 5.5kW	台班	32.04	—	0.12	0.12	0.12	0.12	0.12
离心通风机 335m³	台班	85.70	—	0.12	0.12	0.06	0.08	0.07

编　号			4-261	4-262	4-263	4-264	4-265
项　目			镁铝砖	镁铬砖	碳化硅砖	电容刚玉砖	硅线石砖
预算基价	总　　价（元）		**2165.18**	**1636.03**	**2889.94**	**3448.46**	**2096.34**
	人　工　费（元）		1892.70	1262.25	1202.85	1574.10	1699.65
	材　料　费（元）		49.53	185.89	1484.54	1643.64	178.94
	机　械　费（元）		222.95	187.89	202.55	230.72	217.75
组 成 内 容		单位	单价	数　　量			

	组 成 内 容	单位	单价					
人工	综合工	工日	135.00	14.02	9.35	8.91	11.66	12.59
材料	镁铝砖 ML-80	t	—	(3.057)	—	—	—	—
	镁铬砖 MGe-8	t	—	—	(2.787)	—	—	—
	碳化硅砖	t	—	—	—	(2.486)	—	—
	刚玉砖	t	—	—	—	—	(3)	—
	硅线石砖 H31	t	—	—	—	—	—	(2.55)
	镁质火泥 MF-82	kg	2.10	9	75	—	—	—
	碳化硅砂轮 D290×185	个	131.53	0.197	0.180	0.005	—	0.193
	碳化硅砂轮片 D400×25×（3～4）	片	19.64	0.24	0.24	—	—	—
	水	m³	7.62	—	—	0.06	0.01	0.06
	碳化硅粉 TH180～280	kg	8.16	—	—	171	—	—
	高铝生料粉	kg	0.61	—	—	19	—	—
	卤水块	kg	1.35	—	—	56	—	—
	金刚石砂轮片 D400	片	21.86	—	—	0.04	0.10	0.05
	刚玉粉	kg	5.19	—	—	—	69	—
	刚玉砂	kg	9.73	—	—	—	120	—
	磷酸 85%	kg	4.93	—	—	—	20	—
	氢氧化铝 38%	kg	5.69	—	—	—	3	—
	高铝质火泥 LF-70细粒	kg	0.80	—	—	—	—	190
机械	皮带运输机 10m	台班	303.30	0.15	0.12	0.11	0.15	0.14
	叉式起重机 3t	台班	484.07	0.29	0.24	0.27	0.31	0.28
	磨砖机 4kW	台班	22.61	0.56	0.52	0.05	—	0.03
	切砖机 5.5kW	台班	32.04	0.12	0.12	0.12	0.12	0.12
	离心通风机 335m³	台班	85.70	0.24	0.23	0.05	—	0.07
	灰浆搅拌机 200L	台班	208.76	—	—	0.14	0.15	0.14

三、回 转 窑

1.窑 体

单位：m³

编　号				4-266	4-267	4-268	4-269	4-270	4-271	4-272
项　　目				耐碱隔热砖	黏土质耐火砖	高铝砖	磷酸盐结合高铝砖	莫来石砖		堇青石砖
								干砌	湿砌	干砌
预算基价	总　　价(元)			**1408.02**	**1833.47**	**2024.57**	**2071.51**	**2379.13**	**2085.39**	**1856.65**
	人　工　费(元)			1084.05	1429.65	1567.35	1651.05	1536.30	1675.35	1021.95
	材　料　费(元)			132.82	153.59	223.43	223.06	672.22	195.04	671.50
	机　械　费(元)			191.15	250.23	233.79	197.40	170.61	215.00	163.20
组 成 内 容		单位	单价	数　　　量						
人工	综合工	工日	135.00	8.03	10.59	11.61	12.23	11.38	12.41	7.57
材料	耐碱隔热砖	t	—	(1.744)	—	—	—	—	—	—
	黏土质耐火砖 N-2a	t	—	—	(2.163)	—	—	—	—	—
	高铝砖 LZ-65	t	—	—	—	(2.618)	—	—	—	—
	磷酸结合高铝砖 P-80	t	—	—	—	—	(2.669)	—	—	—
	莫来石砖 H21	t	—	—	—	—	—	(2.876)	(2.850)	—
	堇青石砖	t	—	—	—	—	—	—	—	(1.927)
	黏土质耐火泥 NF-40细粒	kg	0.52	170	160	—	—	—	—	—
	钢板垫板 δ1~2	t	4954.18	0.00779	0.00779	0.00779	0.00779	0.13479	0.00779	0.13479
	水	m³	7.62	0.06	0.19	0.19	0.19	0.19	0.19	0.19
	碳化硅砂轮 D290×185	个	131.53	0.005	0.085	0.100	0.100	0.010	0.010	0.010
	碳化硅砂轮片 D400×25×(3~4)	片	19.64	0.24	—	—	—	—	—	—
	木板	m³	1672.03	—	0.01	0.01	0.01	—	—	—
	型钢	t	3699.72	—	0.0005	0.0002	0.0001	0.0001	0.0001	0.0002
	金刚石砂轮片 D400	片	21.86	—	0.01	0.03	0.03	0.06	0.06	0.01
	黄板纸	m²	1.47	—	0.26	0.08	0.08	—	—	—
	高铝质火泥 LF-70细粒	kg	0.80	—	—	190	190	—	190	—
机械	皮带运输机 10m	台班	303.30	0.10	0.10	0.12	—	0.11	0.12	0.10
	叉式起重机 3t	台班	484.07	0.15	0.19	0.13	0.13	0.13	0.14	0.16
	灰浆搅拌机 200L	台班	208.76	0.14	0.14	0.14	0.14	—	0.14	—
	磨砖机 4kW	台班	22.61	0.05	0.34	0.34	0.34	0.09	0.09	0.05
	切砖机 5.5kW	台班	32.04	0.12	0.12	0.12	0.12	0.12	0.12	0.12
	离心通风机 335m³	台班	85.70	0.12	0.34	0.34	0.34	0.09	0.09	0.05
	卷扬机 带40m塔 50kN	台班	242.92	0.18	0.22	0.26	0.26	0.25	0.28	0.19
	金刚石磨光机	台班	35.27	—	0.13	0.04	0.04	—	—	—

単位：m³

编 号			4-273	4-274	4-275	4-276	4-277	4-278	4-279
项 目			堇青石砖	抗剥落高铝砖		镁砖		镁铬砖	
			湿砌	干砌	湿砌	干砌	湿砌	干砌	湿砌
预算基价	总　价(元)		**1568.87**	**2362.75**	**2240.04**	**2356.20**	**2384.16**	**2482.15**	**2511.46**
	人 工 费(元)		1231.20	1468.80	1645.65	1491.75	1629.45	1609.20	1748.25
	材 料 费(元)		130.71	702.12	360.60	691.26	537.14	692.74	538.61
	机 械 费(元)		206.96	191.83	233.79	173.19	217.57	180.21	224.60
组 成 内 容	单位	单价	数　量						
人工　综合工	工日	135.00	9.12	10.88	12.19	11.05	12.07	11.92	12.95
材料　堇青石砖	t	—	(1.917)	—	—	—	—	—	—
抗剥落高铝砖	t	—	—	(2.613)	(2.618)	—	—	—	—
镁砖 MZ-87	t	—	—	—	—	(2.825)	(2.800)	—	—
镁铬砖 MGe-8	t	—	—	—	—	—	—	(2.825)	(2.800)
钢板垫板 $\delta 1\sim 2$	t	4954.18	0.00779	0.13479	0.00779	0.13479	0.00779	0.13479	0.00779
型钢	t	3699.72	0.0002	0.0002	0.0002	0.0002	0.0002	0.0001	0.0001
水	m³	7.62	0.19	0.19	0.19	—	0.06	—	0.06
黏土质耐火泥 NF-40细粒	kg	0.52	170	—	—	—	—	—	—
碳化硅砂轮 D290×185	个	131.53	0.010	0.110	0.110	0.010	0.010	0.020	0.020
金刚石砂轮片 D400	片	21.86	0.010	0.039	0.039	—	—	—	—
木板	m³	1672.03	—	0.01	0.01	0.01	0.01	0.01	0.01
黄板纸	m²	1.47	—	0.08	0.08	—	—	0.36	0.36
高铝质火泥 LF-70细粒	kg	0.80	—	—	190	—	—	—	—
水玻璃	kg	2.38	—	—	57	—	—	—	—
碳化硅砂轮片 D400×25×(3～4)	片	19.64	—	—	—	0.24	0.24	0.24	0.24
镁质火泥 MF-82	kg	2.10	—	—	—	—	190	—	190
卤水块	kg	1.35	—	—	—	—	56	—	56
机械　皮带运输机 10m	台班	303.30	0.10	0.11	0.12	0.11	0.12	0.11	0.12
叉式起重机 3t	台班	484.07	0.18	0.12	0.13	0.13	0.14	0.13	0.14
磨砖机 4kW	台班	22.61	0.05	0.34	0.34	0.09	0.09	0.12	0.12
切砖机 5.5kW	台班	32.04	0.12	0.12	0.12	0.12	0.12	0.12	0.12
离心通风机 335m³	台班	85.70	0.05	0.34	0.34	0.12	0.12	0.12	0.12
卷扬机 带40m塔 50kN	台班	242.92	0.21	0.24	0.26	0.25	0.28	0.25	0.28
灰浆搅拌机 200L	台班	208.76	0.14	—	0.14	—	0.14	—	0.14
金刚石磨光机	台班	35.27	—	0.04	0.04	—	—	0.18	0.18

2.窑门罩及冷却机

单位：m³

编　号			4-280	4-281	4-282	4-283	4-284
项　目			耐碱隔热砖	高铝砖	抗剥落高铝砖	碳化硅砖	镁铬砖
预算基价	总　　　价(元)		**1633.80**	**1881.12**	**2006.67**	**3397.00**	**2438.32**
	人 工 费(元)		1198.80	1355.40	1480.95	1694.25	1719.90
	材 料 费(元)		243.85	311.75	311.75	1502.91	497.81
	机 械 费(元)		191.15	213.97	213.97	199.84	220.61
组 成 内 容		单位	单价	数　　量			
人工	综合工	工日	135.00	8.88	10.04	10.97	12.55	12.74
材料	耐碱隔热砖	t	—	(1.703)	—	—	—	—
	高铝砖 LZ-65	t	—	—	(2.571)	—	—	—
	抗剥落高铝砖	t	—	—	—	(2.574)	—	—
	碳化硅砖	t	—	—	—	—	(2.433)	—
	镁铬砖 MGe-8	t	—	—	—	—	—	(2.724)
	水	m³	7.62	0.06	0.19	0.19	0.19	0.06
	黏土质耐火泥 NF-40细粒	kg	0.52	190	—	—	—	—
	水玻璃	kg	2.38	57	57	57	—	—
	碳化硅砂轮 D290×185	个	131.53	0.05	0.04	0.04	0.01	0.01
	碳化硅砂轮片 D400×25×(3~4)	片	19.64	0.12	—	—	—	0.24
	高铝质火泥 LF-70细粒	kg	0.80	—	190	190	—	—
	木板	m³	1672.03	—	0.01	0.01	0.01	0.01
	金刚石砂轮片 D400	片	21.86	—	0.03	0.03	0.04	—
	碳化硅粉 TH180~280	kg	8.16	—	—	—	171	—
	高铝生料粉	kg	0.61	—	—	—	19	—
	卤水块	kg	1.35	—	—	—	56	56
	镁质火泥 MF-82	kg	2.10	—	—	—	—	190
机械	皮带运输机 10m	台班	303.30	0.10	0.12	0.12	0.11	0.13
	叉式起重机 3t	台班	484.07	0.15	0.13	0.13	0.13	0.14
	灰浆搅拌机 200L	台班	208.76	0.14	0.14	0.14	0.14	0.14
	磨砖机 4kW	台班	22.61	0.05	0.17	0.17	0.09	0.09
	切砖机 5.5kW	台班	32.04	0.12	0.12	0.12	0.12	0.12
	离心通风机 335m³	台班	85.70	0.12	0.17	0.17	0.09	0.12
	卷扬机 带40m塔 50kN	台班	242.92	0.18	0.26	0.26	0.25	0.28

3．预热器及分解炉

编　　号			4-285	4-286	4-287	4-288	4-289
项　　目			氧化铝隔热砖	高铝隔热耐火砖	耐碱黏土砖	抗剥落高铝砖	镁铬砖
预算基价	总　　价(元)		**1639.62**	**1720.67**	**1994.05**	**2337.34**	**2797.23**
	人　工　费(元)		1198.80	1335.15	1617.30	1879.20	2092.50
	材　料　费(元)		318.15	227.71	152.26	231.22	481.09
	机　械　费(元)		122.67	157.81	224.49	226.92	223.64
组　成　内　容		单位	单价		数　　量		
人工	综合工	工日	135.00	8.88	9.89	11.98	13.92	15.50
材料	氧化铝隔热砖	t	—	(0.587)	—	—	—	—
	高铝质隔热耐火砖 LG-1.0	t	—	—	(0.978)	—	—	—
	耐碱黏土砖	t	—	—	—	(2.058)	—	—
	抗剥落高铝砖	t	—	—	—	—	(2.551)	—
	镁铬砖 MGe-8	t	—	—	—	—	—	(2.719)
	高铝质火泥 LF-70细粒	kg	0.80	220	220	—	220	—
	水	m³	7.62	0.06	0.06	0.19	0.19	0.06
	水玻璃	kg	2.38	57	19	19	19	—
	碳化硅砂轮 D290×185	个	131.53	0.01	0.01	0.05	0.06	0.01
	碳化硅砂轮片 D400×25×(3～4)	片	19.64	0.24	0.24	—	—	0.24
	黏土质耐火泥 NF-40细粒	kg	0.52	—	—	190	—	—
	金刚石砂轮片 D400	片	21.86	—	—	0.01	0.03	—
	镁质火泥 MF-82	kg	2.10	—	—	—	—	190
	卤水块	kg	1.35	—	—	—	—	56
机械	皮带运输机 10m	台班	303.30	0.05	0.07	0.12	0.12	0.14
	叉式起重机 3t	台班	484.07	0.08	0.12	0.14	0.14	0.14
	灰浆搅拌机 200L	台班	208.76	0.14	0.14	0.14	0.14	0.14
	磨砖机 4kW	台班	22.61	0.05	0.05	0.20	0.20	0.09
	切砖机 5.5kW	台班	32.04	0.12	0.12	0.12	0.12	0.12
	离心通风机 335m³	台班	85.70	0.12	0.12	0.20	0.20	0.12
	卷扬机 带40m塔 50kN	台班	242.92	0.10	0.14	0.27	0.28	0.28

4. 风 管

编 号				4-290	4-291
项 目				氧化铝隔热砖	耐碱黏土砖
预算基价	总 价(元)			**1587.01**	**1822.30**
	人 工 费(元)			1186.65	1487.70
	材 料 费(元)			277.69	166.54
	机 械 费(元)			122.67	168.06
组 成 内 容		单位	单价	数 量	
人工	综合工	工日	135.00	8.79	11.02
材料	氧化铝隔热砖	t	—	(0.588)	—
	耐碱黏土砖	t	—	—	(2.075)
	高铝质火泥 LF-70细粒	kg	0.80	220	—
	水	m³	7.62	0.06	0.19
	水玻璃	kg	2.38	40	25
	碳化硅砂轮 D290×185	个	131.53	0.01	0.05
	碳化硅砂轮片 D400×25×(3~4)	片	19.64	0.24	—
	黏土质耐火泥 NF-40细粒	kg	0.52	—	190
	金刚石砂轮片 D400	片	21.86	—	0.01
机械	皮带运输机 10m	台班	303.30	0.05	0.07
	叉式起重机 3t	台班	484.07	0.08	0.12
	灰浆搅拌机 200L	台班	208.76	0.14	0.14
	磨砖机 4kW	台班	22.61	0.05	0.20
	切砖机 5.5kW	台班	32.04	0.12	0.12
	离心通风机 335m³	台班	85.70	0.12	0.20
	卷扬机 带40m塔 50kN	台班	242.92	0.10	0.14

四、辊 道 窑

单位：m³

编　号			4-292	4-293	4-294	4-295	4-296	4-297
项　目			硅藻土隔热砖	黏土质隔热耐火砖		高铝质隔热耐火砖		黏土质耐火砖
				辊轴处	其他部位	辊轴处	其他部位	
预算基价	总　　价（元）		**597.51**	**937.90**	**846.92**	**1012.69**	**982.72**	**1079.12**
	人 工 费（元）		403.65	621.00	607.50	661.50	670.95	845.10
	材 料 费（元）		104.46	175.60	110.55	234.09	187.75	90.45
	机 械 费（元）		89.40	141.30	128.87	117.10	124.02	143.57
组 成 内 容	单位	单价	数　　量					
人工 综合工	工日	135.00	2.99	4.60	4.50	4.90	4.97	6.26
材料 硅藻土隔热砖 GG-0.7	t	—	(0.635)	—	—	—	—	—
黏土质隔热耐火砖 NG-1.3a	t	—	—	(1.264)	(1.242)	—	—	—
高铝质隔热耐火砖 LG-1.0	t	—	—	—	—	(0.973)	(0.967)	—
黏土质耐火砖 N-2a	t	—	—	—	—	—	—	(2.124)
黏土质耐火泥 NF-40细粒	kg	0.52	200	140	190	—	—	160
水	m³	7.62	0.06	0.06	0.06	0.06	0.06	0.06
硅酸铝耐火纤维毡	kg	23.80	—	4	—	4	—	—
水玻璃	kg	2.38	—	3	—	3	—	—
碳化硅砂轮 D290×185	个	131.53	—	—	0.050	0.050	0.050	0.050
碳化硅砂轮片 D400×25×(3～4)	片	19.64	—	—	0.24	0.24	0.24	—
高铝质火泥 LF-70细粒	kg	0.80	—	—	—	150	220	—
金刚石砂轮片 D400	片	21.86	—	—	—	—	—	0.01
机械 叉式起重机 3t	台班	484.07	0.12	0.20	0.17	0.15	0.16	0.21
灰浆搅拌机 200L	台班	208.76	0.15	0.14	0.15	0.14	0.15	0.14
磨砖机 4kW	台班	22.61	—	0.05	0.05	0.05	0.05	0.05
切砖机 5.5kW	台班	32.04	—	0.12	0.12	0.12	0.12	0.12
离心通风机 335m³	台班	85.70	—	0.12	0.12	0.12	0.12	0.09

编　号				4-298	4-299	4-300	4-301	4-302
项　目				高铝砖 （m³）	碳化硅砖 （m³）	泡沫刚玉轻质砖 （m³）	铸铁砖 （m³）	油毛毡滑动层 （100m²）
预算基价	总　价(元)			**1490.47**	**2759.14**	**3277.26**	**1442.03**	**1092.30**
	人　工　费(元)			1177.20	1115.10	780.30	1062.45	496.80
	材　料　费(元)			153.77	1484.54	2336.30	16.35	571.30
	机　械　费(元)			159.50	159.50	160.66	363.23	24.20
组 成 内 容		单位	单价	数　　量				
人工	综合工	工日	135.00	8.72	8.26	5.78	7.87	3.68
材料	高铝砖 LZ-65	t	—	（2.592）	—	—	—	—
	碳化硅砖 SIC85	t	—	—	（2.572）	—	—	—
	泡沫刚玉轻质砖	t	—	—	—	（0.574）	—	—
	铸铁砖	m³	—	—	—	—	（7.673）	—
	高铝质火泥 LF-70细粒	kg	0.80	190	—	—	—	—
	水	m³	7.62	0.06	0.06	0.06	0.03	—
	碳化硅砂轮 D290×185	个	131.53	0.005	0.005	0.200	—	—
	金刚石砂轮片 D400	片	21.86	0.03	0.04	—	—	—
	卤水块	kg	1.35	—	56	—	—	—
	碳化硅粉 TH180～280	kg	8.16	—	171	—	—	—
	高铝生料粉	kg	0.61	—	19	—	—	—
	刚玉粉	kg	5.19	—	—	69	—	—
	刚玉砂	kg	9.73	—	—	180	—	—
	碳化硅砂轮片 D400×25×（3～4）	片	19.64	—	—	0.24	—	—
	氢氧化铝 38%	kg	5.69	—	—	4	—	—
	磷酸 85%	kg	4.93	—	—	35	—	—
	黏土质耐火泥 NF-40细粒	kg	0.52	—	—	—	31	—
	油毛毡 400g	m²	2.57	—	—	—	—	220
	滑石粉	kg	0.59	—	—	—	—	10
机械	叉式起重机 3t	台班	484.07	0.25	0.25	0.24	0.69	0.05
	灰浆搅拌机 200L	台班	208.76	0.14	0.14	0.14	0.14	—
	磨砖机 4kW	台班	22.61	0.05	0.05	0.05	—	—
	切砖机 5.5kW	台班	32.04	0.12	0.12	0.12	—	—
	离心通风机 335m³	台班	85.70	0.05	0.05	0.12	—	—

第五章 其 他 炉 窑

说　　明

一、本章适用范围：连续式直立炉及蒸发量在75t/h以下蒸汽锅炉的砌筑工程。

二、本章基价中的其他专业炉窑子目,已综合了因砌筑部位不同、造型结构不同、配用砖型不同、砌体质量类别不同及砌筑方法不同而造成的差异因素。

三、本章基价各子目包括的工作内容：砌筑地点的清扫与准备、放线、做标记、立线杆、材料的运输装卸、码垛、泥浆搅拌(包括添加剂中和)、砌筑(或吊装)、临时磨、切砖(含手加工)、原浆勾缝、质量自检与清废外运。此外还综合扩大了在砌筑(或吊装)前的选砖、预砌筑、集中砖加工、二次勾缝、吹风清扫或吸尘等次要工序。

四、本章基价各子目不包括下列工作内容：专业炉窑的烟道砌体工程、不定形耐火材料与辅助工程,如有发生时可分别参照本册基价第六章～第八章相应基价子目。

五、本章其他需要说明的问题：

1.连续式直立炉基价按焦化煤气炉结构编制。一般煤气发生炉工程应执行本册基价第六章一般工业炉窑基价相应子目。连续式直立炉(俗称城市煤气炉),本炉种施工中不需要搭设施工工作棚。烘炉中炭化室刷浆与精整工程基价中已考虑。

2.蒸汽锅炉基价包括蒸发量75t/h以下各种重型炉墙结构,轻型炉墙结构执行本册基价第七章不定形耐火材料工程相应子目。如地下作业应参照本基价第三册《热力设备安装工程》DBD 29-303-2020相应子目。

3.蒸汽锅炉基价未包括蒸汽锅炉保温、刷油、防腐蚀工程,发生时可参照本基价第十一册《刷油、防腐蚀、绝热工程》DBD 29-311-2020相应基价子目计算。蒸汽锅炉基价未考虑蒸汽锅炉的烘炉及投产前的维护工作,发生时可按批准的施工方案另行计算。

工程量计算规则

一、其他炉窑：依据其他不同专业炉窑的种类、材料名称、型号和材料部位分别按设计图示尺寸以体积或质量计算。

二、连续式直立炉炉体所有孔洞不论大小，所占体积在计算时都应扣除。

一、连续式直立炉

编　　号			4-303	4-304	4-305	4-306	4-307	4-308
项　　目			红砖 （m³）	硅藻土 隔热砖 （m³）	黏土质隔 热耐火砖 （m³）	黏土质 耐火砖 （m³）	硅砖 （m³）	格子砖 （t）
预算基价	总　　价（元）		**852.44**	**598.12**	**1179.44**	**2069.91**	**2180.45**	**323.49**
	人　工　费（元）		591.30	457.65	915.30	1626.75	1644.30	259.20
	材　料　费（元）		93.43	31.66	104.63	238.11	347.76	—
	机　械　费（元）		167.71	108.81	159.51	205.05	188.39	64.29
组　成　内　容	单位	单价	数　　　量					
人工 综合工	工日	135.00	4.38	3.39	6.78	12.05	12.18	1.92
红砖	千块	—	(0.555)	—	—	—	—	—
硅藻土隔热砖 GG-0.7	t	—	—	(0.644)	—	—	—	—
黏土质隔热耐火砖 NG-1.3a	t	—	—	—	(1.288)	—	—	—
黏土质耐火砖 N-2a	t	—	—	—	—	(2.092)	—	—
硅砖 JG-94	t	—	—	—	—	—	(1.854)	—
格子砖	t	—	—	—	—	—	—	(1.025)
湿拌砌筑砂浆 M5.0	m³	330.94	0.28	—	—	—	—	—
水	m³	7.62	0.10	0.06	0.06	0.30	0.30	—
黏土质耐火泥 NF-40细粒	kg	0.52	—	60	190	230	—	—
碳化硅砂轮 D290×185	个	131.53	—	—	0.005	0.059	0.073	—
碳化硅砂轮片 D400×25×(3~4)	片	19.64	—	—	0.24	—	—	—
油毛毡 400g	m²	2.57	—	—	—	0.35	0.35	—

续前

编　号			4-303	4-304	4-305	4-306	4-307	4-308
项　目			红砖 （m³）	硅藻土 隔热砖 （m³）	黏土质隔 热耐火砖 （m³）	黏土质 耐火砖 （m³）	硅砖 （m³）	格子砖 （t）
组 成 内 容	单位	单价	数　量					
材料	型钢	t	3699.72	—	—	—	0.0011	0.0011	—
	橡胶板	kg	11.26	—	—	—	0.2	0.2	—
	发泡苯乙烯	kg	20.02	—	—	—	0.2	0.2	—
	镀锌薄钢板 δ0.5	t	4426.66	—	—	—	0.00024	0.00024	—
	木板	m³	1672.03	—	—	—	0.05	0.05	—
	油纸	m²	2.86	—	—	—	0.5	0.5	—
	水玻璃	kg	2.38	—	—	—	4.5	—	—
	金刚石砂轮片 D400	片	21.86	—	—	—	0.02	0.02	—
	硅质火泥 GF-90	kg	0.77	—	—	—	—	220	—
	添加剂	kg	12.27	—	—	—	5.6	—	—
机械	载货汽车 4t	台班	417.41	0.14	0.11	0.16	0.21	0.19	0.09
	灰浆搅拌机 200L	台班	208.76	0.15	0.15	0.15	0.08	0.08	
	筛砂机	台班	220.87	0.1	—	—	—	—	
	卷扬机 带40m塔 50kN	台班	242.92	0.23	0.13	0.19	0.25	0.23	0.11
	磨砖机 4kW	台班	22.61	—	—	0.05	0.20	0.18	
	切砖机 5.5kW	台班	32.04	—	—	0.12	0.24	0.20	
	离心通风机 335m³	台班	85.70	—	—	0.12	0.28	0.26	
	电动空气压缩机 10m³	台班	375.37	—	—	—	0.01	0.01	—

二、蒸 汽 锅 炉

编 号			4-309	4-310	4-311	4-312	4-313
项 目			红砖	硅藻土隔热砖	黏土质耐火砖		
			(m³)	(m³)	底、墙 (m³)	折焰墙 (t)	穿墙管 (t)
预算基价	总 价(元)		**849.67**	**612.47**	**942.25**	**1266.29**	**1956.14**
	人 工 费(元)		611.55	342.90	703.35	1138.05	1827.90
	材 料 费(元)		97.43	180.06	99.48	54.55	54.55
	机 械 费(元)		140.69	89.51	139.42	73.69	73.69
组 成 内 容		单位	单价	数 量			
人工	综合工	工日	135.00	4.53	2.54	5.21	8.43	13.54
材料	红砖	千块	—	(0.560)	—	—	—	—
	硅藻土隔热砖 GG-0.7	t	—	—	(0.64)	—	—	—
	黏土质耐火砖 N-2a	t	—	—	—	(2.05)	(1.03)	(1.03)
	湿拌砌筑砂浆 M5.0	m³	330.94	0.28	—	—	—	—
	水泥砂浆 1:1	m³	412.53	0.007	—	—	—	—
	红土	kg	4.36	0.22	—	—	—	—
	水	m³	7.62	0.10	0.06	0.06	0.30	0.30
	白乳胶	kg	7.86	0.02	—	—	—	—
	黏土质耐火泥 NF-40细粒	kg	0.52	—	60	190	85	85
	硅藻土粉 熟料 120目	kg	1.06	—	140	—	—	—
	金刚石砂轮片 D400	片	21.86	—	—	0.010	0.008	0.008
	碳化硅砂轮 D290×185	个	131.53	—	—	—	0.06	0.06
机械	叉式起重机 3t	台班	484.07	0.09	0.06	0.11	0.05	0.05
	灰浆搅拌机 200L	台班	208.76	0.15	0.15	0.15	0.07	0.07
	筛砂机	台班	220.87	0.1	—	—	—	—
	卷扬机 带40m塔 50kN	台班	242.92	0.18	0.12	0.21	0.11	0.11
	切砖机 5.5kW	台班	32.04	—	—	0.12	0.05	0.05
	磨砖机 4kW	台班	22.61	—	—	—	0.1	0.1
	离心通风机 335m³	台班	85.70	—	—	—	0.05	0.05

第六章　一般工业炉窑

说　明

一、本章适用范围：本册基价第一章～第五章未列的一般工业炉窑的砌筑工程。

二、本章基价各子目包括下列工作内容：准备、立线杆、放线、材料运输、泥浆搅拌、砌筑、吊装、临时砖加工、勾缝、质量自检等全部工序。

三、本章基价各子目不包括选砖、机械集中磨砖、机械集中切砖、预砌筑等次要工序的工作内容。

四、平面砌体、弧面砌体内的弧形、圆形拱砌体执行烧嘴子目。

五、15m³ 以内炉窑是按砖种划分，不分部位及砌体类别综合编制的，适用于工程量 15m³ 以内的炉窑。但炉体外的烟道其工程量在 15m³ 以内者，执行《天津市建筑工程预算基价》DBD 29-101-2020 中相应子目。

工程量计算规则

一、一般工业炉窑：依据不同的一般工业炉窑的种类、材料名称、型号和材料部位分别按设计图示尺寸以体积或质量计算。

二、计算工程量时应注意下列规定：

1.如遇数量不大(15m³以内)造型特别复杂、而体积计算过于繁琐的砖型或部位,亦可按设计图纸标明的单重折算成体积。根据耐火制品的净用量所占体积,换算成砌体工程量计算,公式如下：

$$T = \frac{W \cdot S}{R}$$

$$V = \frac{T}{P}$$

式中： V —— 工程量(m³)；

T —— 耐火砖总体积(m³)；

W —— 耐火砖单质量(kg)；

S —— 复杂部位设计需用耐火砖块数(块)；

P —— 每立方米砌体净用量中耐火砖所占体积(m³)；

R —— 基价取定密度(kg/m³)。

2.管道衬砖工程量应按砖种、砖型、内衬直径大小(分为直径1m以外、直径1m以内两个级别)分别计算,如采用隔热耐火砖作内衬时,不必按工作层与非工作层分别划项计算。

3.管道衬砖(包括烟道)遇有岔口时,其砌体工程量除按图形计算外,还可根据岔口形状,按下表增加工程量。

每一个管道岔口增加工程量表　　　　　　　　　　　　　　　　单位：m³/个

编　　号		1	2	3	4	5	6	7
岔　口　形　状								
管 道 直 径 （mm）	1000以内	0.10	0.20	0.06	0.18	0.20	0.40	0.12×节数
	1000以外	0.18	0.36	0.08	0.44	0.36	0.72	0.16×节数

注：1.如为烟道岔口,增加工程量为管道相应项目的1/2。

　　2.变径管道可按大直径计算。

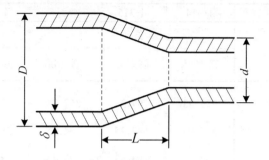

变径管规格示意图

注：D——变径管大口直径；
d——变径管小口直径；
δ——衬砖厚度；
L——变径管长度。

一、红砖、硅藻土隔热砖

单位：m³

编　号			4-314	4-315	4-316	4-317	4-318	4-319	4-320	4-321
项　目			红砖			硅藻土隔热砖				
			底、直墙	圆形墙	弧形拱	底、直墙	圆形墙	弧形拱	管道内衬 $D \leqslant 1m$	管道内衬 $D > 1m$
预算基价	总　　　价(元)		**729.33**	**799.53**	**867.03**	**637.04**	**661.34**	**642.44**	**1086.59**	**813.89**
	人　工　费(元)		517.05	587.25	654.75	382.05	406.35	463.05	831.60	558.90
	材　料　费(元)		93.43	93.43	93.43	180.06	180.06	104.46	180.06	180.06
	机　械　费(元)		118.85	118.85	118.85	74.93	74.93	74.93	74.93	74.93
组　成　内　容		单位	单价	数　　　量						
人工	综合工	工日	135.00	3.83	4.35	4.85	2.83	3.01	3.43	6.16	4.14
材料	红砖	千块	—	(0.556)	(0.612)	(0.584)	—	—	—	—	—
	硅藻土隔热砖 GG-0.7	t	—	—	—	—	(0.635)	(0.649)	(0.659)	(0.655)	(0.651)
	湿拌砌筑砂浆 M5.0	m³	330.94	0.28	0.28	0.28	—	—	—	—	—
	水	m³	7.62	0.10	0.10	0.10	0.06	0.06	0.06	0.06	0.06
	黏土质耐火泥 NF-40细粒	kg	0.52	—	—	—	60	60	200	60	60
	硅藻土粉 熟料 120目	kg	1.06	—	—	—	140	140	—	140	140
机械	叉式起重机 3t	台班	484.07	0.08	0.08	0.08	0.06	0.06	0.06	0.06	0.06
	灰浆搅拌机 200L	台班	208.76	0.15	0.15	0.15	0.15	0.15	0.15	0.15	0.15
	筛砂机	台班	220.87	0.1	0.1	0.1	—	—	—	—	—
	卷扬机 带40m塔 50kN	台班	242.92	0.11	0.11	0.11	0.06	0.06	0.06	0.06	0.06

二、黏土质隔热耐火砖

单位：m³

编　　号				4-322	4-323	4-324	4-325	4-326
项　　目				黏土质隔热耐火砖				
				底、直墙	圆形墙	弧形拱	管道内衬 D≤1m	管道内衬 D＞1m
预算基价	总　　价(元)			**856.53**	**884.88**	**980.38**	**1680.03**	**1196.73**
	人　工　费(元)			639.90	668.25	789.75	1463.40	980.10
	材　料　费(元)			104.63	104.63	78.63	104.63	104.63
	机　械　费(元)			112.00	112.00	112.00	112.00	112.00
组　成　内　容		单位	单价	数　　量				
人工	综合工	工日	135.00	4.74	4.95	5.85	10.84	7.26
材料	黏土质隔热耐火砖 NG-1.3a	t	—	(1.249)	(1.275)	(1.287)	(1.318)	(1.299)
	黏土质耐火泥 NF-40细粒	kg	0.52	190	190	140	190	190
	水	m³	7.62	0.06	0.06	0.06	0.06	0.06
	碳化硅砂轮 D290×185	个	131.53	0.005	0.005	0.005	0.005	0.005
	碳化硅砂轮片 D400×25×(3~4)	片	19.64	0.24	0.24	0.24	0.24	0.24
机械	叉式起重机 3t	台班	484.07	0.09	0.09	0.09	0.09	0.09
	灰浆搅拌机 200L	台班	208.76	0.15	0.15	0.15	0.15	0.15
	磨砖机 4kW	台班	22.61	0.05	0.05	0.05	0.05	0.05
	切砖机 5.5kW	台班	32.04	0.12	0.12	0.12	0.12	0.12
	离心通风机 335m³	台班	85.70	0.12	0.12	0.12	0.12	0.12
	卷扬机 带40m塔 50kN	台班	242.92	0.09	0.09	0.09	0.09	0.09

三、高铝质隔热耐火砖

单位：m³

编　　号				4-327	4-328	4-329	4-330	4-331	4-332
项　　目				底、直墙	圆形墙	弧形拱	直、斜墙挂砖	圆形墙挂砖	烧嘴
预算基价	总　　价(元)			**955.64**	**1004.24**	**1121.69**	**1821.59**	**1912.04**	**2423.39**
	人　工　费(元)			676.35	724.95	842.40	1590.30	1680.75	2168.10
	材　料　费(元)			181.83	181.83	181.83	133.83	133.83	157.83
	机　械　费(元)			97.46	97.46	97.46	97.46	97.46	97.46
组 成 内 容		单位	单价	数　　　　　量					
人工	综合工	工日	135.00	5.01	5.37	6.24	11.78	12.45	16.06
材料	高铝质隔热耐火砖 LG-1.0	t	—	(0.960)	(0.982)	(0.992)	(1.006)	(1.012)	(1.004)
	高铝质火泥 LF-70细粒	kg	0.80	220	220	220	160	160	190
	水	m³	7.62	0.06	0.06	0.06	0.06	0.06	0.06
	碳化硅砂轮 $D290 \times 185$	个	131.53	0.005	0.005	0.005	0.005	0.005	0.005
	碳化硅砂轮片 $D400 \times 25 \times (3\sim4)$	片	19.64	0.24	0.24	0.24	0.24	0.24	0.24
机械	叉式起重机 3t	台班	484.07	0.07	0.07	0.07	0.07	0.07	0.07
	灰浆搅拌机 200L	台班	208.76	0.15	0.15	0.15	0.15	0.15	0.15
	磨砖机 4kW	台班	22.61	0.05	0.05	0.05	0.05	0.05	0.05
	切砖机 5.5kW	台班	32.04	0.12	0.12	0.12	0.12	0.12	0.12
	离心通风机 335m³	台班	85.70	0.12	0.12	0.12	0.12	0.12	0.12
	卷扬机 带40m塔 50kN	台班	242.92	0.07	0.07	0.07	0.07	0.07	0.07

四、黏土质耐火砖

单位：m³

编　号			4-333	4-334	4-335	4-336	4-337	4-338	4-339	4-340	4-341	4-342
项　目			底、直墙				圆形墙				弧形拱	
			标普		异特		标普		异特		标普	异特
			II类	III类	II类	III类	II类	III类	II类	III类	II类	III类
预算基价	总　　价(元)		**958.47**	**886.39**	**1004.85**	**931.42**	**1012.47**	**933.64**	**1058.85**	**980.02**	**1133.02**	**1179.40**
	人　工　费(元)		762.75	679.05	789.75	704.70	816.75	726.30	843.75	753.30	947.70	974.70
	材　料　费(元)		84.53	99.48	84.53	99.48	84.53	99.48	84.53	99.48	74.13	74.13
	机　械　费(元)		111.19	107.86	130.57	127.24	111.19	107.86	130.57	127.24	111.19	130.57
组 成 内 容	单位	单价	数　量									
人工 综合工	工日	135.00	5.65	5.03	5.85	5.22	6.05	5.38	6.25	5.58	7.02	7.22
材料 黏土质耐火砖 N-2a	t	—	(2.122)	(2.049)	(2.150)	(2.096)	(2.159)	(2.086)	(2.167)	(2.103)	(2.139)	(2.148)
黏土质耐火泥 NF-40细粒	kg	0.52	160	190	160	190	160	190	160	190	140	140
水	m³	7.62	0.06	0.06	0.06	0.06	0.06	0.06	0.06	0.06	0.06	0.06
碳化硅砂轮 D290×185	个	131.53	0.005	—	0.005	—	0.005	—	0.005	—	0.005	0.005
金刚石砂轮片 D400	片	21.86	0.01	0.01	0.01	0.01	0.01	0.01	0.01	0.01	0.01	0.01
机械 叉式起重机 3t	台班	484.07	0.10	0.10	0.13	0.13	0.10	0.10	0.13	0.13	0.10	0.13
灰浆搅拌机 200L	台班	208.76	0.14	0.15	0.14	0.15	0.14	0.15	0.14	0.15	0.14	0.14
磨砖机 4kW	台班	22.61	0.05	—	0.05	—	0.05	—	0.05	—	0.05	0.05
切砖机 5.5kW	台班	32.04	0.12	0.12	0.12	0.12	0.12	0.12	0.12	0.12	0.12	0.12
离心通风机 335m³	台班	85.70	0.05	—	0.05	—	0.05	—	0.05	—	0.05	0.05
卷扬机 带40m塔 50kN	台班	242.92	0.10	0.10	0.12	0.12	0.10	0.10	0.12	0.12	0.10	0.12

编 号			4-343	4-344	4-345	4-346	4-347	4-348	4-349	4-350	4-351	4-352
项 目			烧嘴	管道内衬 $D{\leq}1$m				管道内衬 $D{>}1$m				平、斜顶挂砖
				标普		异特		标普		异特		带齿
				普通泥浆	高强泥浆	普通泥浆	高强泥浆	普通泥浆	高强泥浆	普通泥浆	高强泥浆	湿砌
预算基价	总 价(元)		**2644.15**	**2001.42**	**3112.33**	**2051.85**	**3155.22**	**1461.42**	**2327.98**	**1447.05**	**2445.12**	**1553.35**
	人 工 费(元)		2439.45	1790.10	2257.20	1821.15	2285.55	1250.10	1472.85	1216.35	1575.45	1348.65
	材 料 费(元)		74.13	100.13	740.00	100.13	740.00	100.13	740.00	100.13	740.00	74.13
	机 械 费(元)		130.57	111.19	115.13	130.57	129.67	111.19	115.13	130.57	129.67	130.57
组 成 内 容		单位	单价	数 量								
人工	综合工	工日	135.00	18.07	13.26	16.72	13.49	16.93	9.26	10.91	9.01	11.67	9.99
材料	黏土质耐火砖 N-2a	t	—	(2.137)	(2.150)	(2.150)	(2.146)	(2.146)	(2.150)	(2.088)	(2.146)	(2.146)	(2.135)
	黏土质耐火泥 NF-40细粒	kg	0.52	140	190	—	190	—	190	—	190	—	140
	水	m^3	7.62	0.06	0.06	0.05	0.06	0.05	0.06	0.05	0.06	0.05	0.06
	碳化硅砂轮 $D290{\times}185$	个	131.53	0.005	0.005	—	0.005	—	0.005	—	0.005	—	0.005
	金刚石砂轮片 $D400$	片	21.86	0.01	0.01	0.01	0.01	0.01	0.01	0.01	0.01	0.01	0.01
	高强泥浆	kg	2.47	—	—	200	—	200	—	200	—	200	—
	添加剂	kg	12.27	—	—	20	—	20	—	20	—	20	—
机械	叉式起重机 3t	台班	484.07	0.13	0.10	0.11	0.13	0.13	0.10	0.11	0.13	0.13	0.13
	灰浆搅拌机 200L	台班	208.76	0.14	0.14	0.15	0.14	0.15	0.14	0.15	0.14	0.15	0.14
	磨砖机 4kW	台班	22.61	0.05	0.05	—	0.05	—	0.05	—	0.05	—	0.05
	切砖机 5.5kW	台班	32.04	0.12	0.12	0.12	0.12	0.12	0.12	0.12	0.12	0.12	0.12
	离心通风机 335m^3	台班	85.70	0.05	0.05	—	0.05	—	0.05	—	0.05	—	0.05
	卷扬机 带40m塔 50kN	台班	242.92	0.12	0.10	0.11	0.12	0.13	0.10	0.11	0.12	0.13	0.12

编　号			4-353	4-354	4-355	4-356	4-357	4-358	4-359	4-360	4-361
项　目			平、斜顶挂砖			反拱底				漏斗	
			带齿	不带齿		标普		异特		标普	异特
			干砌	湿砌	干砌	Ⅰ类	Ⅱ类	Ⅰ类	Ⅱ类		
预算基价	总　　价（元）		**1071.53**	**1396.75**	**960.83**	**1162.99**	**1050.27**	**1208.02**	**1095.30**	**1409.37**	**1655.55**
	人　工　费（元）		969.30	1192.05	858.60	980.10	854.55	1005.75	880.20	1213.65	1440.45
	材　料　费（元）		1.40	74.13	1.40	69.46	84.53	69.46	84.53	84.53	84.53
	机　械　费（元）		100.83	130.57	100.83	113.43	111.19	132.81	130.57	111.19	130.57
组　成　内　容		单位	单价	数　　量							
人工	综合工	工日	135.00	7.18	8.83	6.36	7.26	6.33	7.45	6.52	8.99	10.67
材料	黏土质耐火砖 N-2a	t	—	(2.156)	(2.150)	(2.165)	(2.197)	(2.129)	(2.206)	(2.124)	(2.184)	(2.223)
	碳化硅砂轮 D290×185	个	131.53	0.009	0.005	0.009	0.009	0.005	0.009	0.005	0.005	0.005
	金刚石砂轮片 D400	片	21.86	0.01	0.01	0.01	0.01	0.01	0.01	0.01	0.01	0.01
	黏土质耐火泥 NF-40细粒	kg	0.52	—	140	—	130	160	130	160	160	160
	水	m³	7.62	—	0.06	—	0.06	0.06	0.06	0.06	0.06	0.06
机械	叉式起重机 3t	台班	484.07	0.12	0.13	0.12	0.10	0.10	0.13	0.13	0.10	0.13
	磨砖机 4kW	台班	22.61	0.09	0.05	0.09	0.09	0.05	0.09	0.05	0.05	0.05
	切砖机 5.5kW	台班	32.04	0.12	0.12	0.12	0.12	0.12	0.12	0.12	0.12	0.12
	离心通风机 335m³	台班	85.70	0.09	0.05	0.09	0.09	0.05	0.09	0.05	0.05	0.05
	卷扬机 带40m塔 50kN	台班	242.92	0.12	0.12	0.12	0.10	0.10	0.12	0.12	0.10	0.12
	灰浆搅拌机 200L	台班	208.76	—	0.14	—	0.13	0.14	0.13	0.14	0.14	0.14

五、高 铝 砖

编　号	4-362	4-363	4-364	4-365	4-366	4-367	4-368	4-369	4-370	4-371
项　目	底、直墙				圆形墙				弧形拱	
	标普		异特		标普		异特		标普	异特
	I 类	II 类	I 类	II 类	I 类	II 类	I 类	II 类	I、II 类	
预算基价 总　　价(元)	**1353.86**	**1239.87**	**1410.77**	**1285.46**	**1363.31**	**1247.97**	**1416.17**	**1293.56**	**1534.17**	**1578.41**
人 工 费(元)	1093.50	953.10	1128.60	984.15	1102.95	961.20	1134.00	992.25	1247.40	1277.10
材 料 费(元)	130.30	153.77	130.30	153.77	130.30	153.77	130.30	153.77	153.77	153.77
机 械 费(元)	130.06	133.00	151.87	147.54	130.06	133.00	151.87	147.54	133.00	147.54

	组 成 内 容	单位	单价	数　　量									
人工	综合工	工日	135.00	8.10	7.06	8.36	7.29	8.17	7.12	8.40	7.35	9.24	9.46
材料	高铝砖 LZ-65	t	—	(2.657)	(2.566)	(2.670)	(2.587)	(2.681)	(2.584)	(2.686)	(2.595)	(2.613)	(2.621)
	高铝质火泥 LF-70细粒	kg	0.80	160	190	160	190	160	190	160	190	190	190
	水	m³	7.62	0.06	0.06	0.06	0.06	0.06	0.06	0.06	0.06	0.06	0.06
	碳化硅砂轮 D290×185	个	131.53	0.009	0.005	0.009	0.005	0.009	0.005	0.009	0.005	0.005	0.005
	金刚石砂轮片 D400	片	21.86	0.03	0.03	0.03	0.03	0.03	0.03	0.03	0.03	0.03	0.03
机械	叉式起重机 3t	台班	484.07	0.12	0.13	0.15	0.15	0.12	0.13	0.15	0.15	0.13	0.15
	灰浆搅拌机 200L	台班	208.76	0.14	0.14	0.14	0.14	0.14	0.14	0.14	0.14	0.14	0.14
	磨砖机 4kW	台班	22.61	0.09	0.05	0.09	0.05	0.09	0.05	0.09	0.05	0.05	0.05
	切砖机 5.5kW	台班	32.04	0.12	0.12	0.12	0.12	0.12	0.12	0.12	0.12	0.12	0.12
	离心通风机 335m³	台班	85.70	0.09	0.05	0.09	0.05	0.09	0.05	0.09	0.05	0.05	0.05
	卷扬机 带40m塔 50kN	台班	242.92	0.12	0.13	0.15	0.15	0.12	0.13	0.15	0.15	0.13	0.15

单位：m³

编　号	4-372	4-373	4-374	4-375	4-376	4-377	4-378	4-379	4-380
项　目	烧嘴	管道内衬 D≤1m				管道内衬 D＞1m			
		标普		异特		标普		异特	
		普通泥浆	高强泥浆	普通泥浆	高强泥浆	普通泥浆	高强泥浆	普通泥浆	高强泥浆

预算基价									
总　价(元)	**3429.26**	**2582.30**	**3685.69**	**2635.16**	**3797.95**	**1797.95**	**2724.56**	**1852.16**	**2776.00**
人　工　费(元)	3127.95	2278.80	2822.85	2309.85	2913.30	1494.45	1861.65	1526.85	1891.35
材　料　费(元)	153.77	177.77	740.44	177.77	740.44	177.77	740.51	177.77	740.44
机　械　费(元)	147.54	125.73	122.40	147.54	144.21	125.73	122.40	147.54	144.21

组成内容	单位	单价	数　量								
人工 综合工	工日	135.00	23.17	16.88	20.91	17.11	21.58	11.07	13.79	11.31	14.01
材料 高铝砖 LZ-65	t	—	(2.608)	(2.613)	(2.613)	(2.608)	(2.608)	(2.574)	(2.574)	(2.569)	(2.569)
高铝质火泥 LF-70细粒	kg	0.80	190	220	—	220	—	220	—	220	—
水	m³	7.62	0.06	0.06	0.05	0.06	0.05	0.06	0.06	0.06	0.05
碳化硅砂轮 D290×185	个	131.53	0.005	0.005	—	0.005	—	0.005	—	0.005	—
金刚石砂轮片 D400	片	21.86	0.03	0.03	0.03	0.03	0.03	0.03	0.03	0.03	0.03
高强泥浆	kg	2.47	—	—	200	—	200	—	200	—	200
添加剂	kg	12.27	—	—	20	—	20	—	20	—	20
机械 叉式起重机 3t	台班	484.07	0.15	0.12	0.12	0.15	0.15	0.12	0.12	0.15	0.15
灰浆搅拌机 200L	台班	208.76	0.14	0.14	0.15	0.14	0.15	0.14	0.15	0.14	0.15
磨砖机 4kW	台班	22.61	0.05	0.05	—	0.05	—	0.05	—	0.05	—
切砖机 5.5kW	台班	32.04	0.12	0.12	0.12	0.12	0.12	0.12	0.12	0.12	0.12
离心通风机 335m³	台班	85.70	0.05	0.05	—	0.05	—	0.05	—	0.05	—
卷扬机 带40m塔 50kN	台班	242.92	0.15	0.12	0.12	0.15	0.15	0.12	0.12	0.15	0.15

编　号			4-381	4-382	4-383	4-384	4-385	4-386	4-387	4-388	4-389	4-390
项　目			平、斜顶挂砖				反拱底				漏斗	
			带齿		不带齿		标普		异特		标普	异特
			湿砌	干砌	湿砌	干砌	I类	II类	I类	II类		
预算基价	总　　价(元)		**1985.06**	**1351.11**	**1781.21**	**1205.31**	**1489.47**	**1355.97**	**1542.33**	**1400.21**	**1824.42**	**2129.21**
	人　工　费(元)		1707.75	1233.90	1503.90	1088.10	1231.20	1069.20	1262.25	1098.90	1537.65	1827.90
	材　料　费(元)		129.77	1.84	129.77	1.84	130.30	153.77	130.30	153.77	153.77	153.77
	机　械　费(元)		147.54	115.37	147.54	115.37	127.97	133.00	149.78	147.54	133.00	147.54
组　成　内　容		单位	单价					数　量				
人工	综合工	工日	135.00	12.65	9.14	11.14	8.06	9.12	7.92	9.35	8.14	11.39	13.54
材料	高铝砖 LZ-65	t	—	(2.569)	(2.597)	(2.597)	(2.616)	(2.657)	(2.571)	(2.668)	(2.569)	(2.642)	(2.688)
	高铝质火泥 LF-70细粒	kg	0.80	160	—	160	—	160	190	160	190	190	190
	水	m³	7.62	0.06	—	0.06	—	0.06	0.06	0.06	0.06	0.06	0.06
	碳化硅砂轮 D290×185	个	131.53	0.005	0.009	0.005	0.009	0.009	0.005	0.009	0.005	0.005	0.005
	金刚石砂轮片 D400	片	21.86	0.03	0.03	0.03	0.03	0.03	0.03	0.03	0.03	0.03	0.03
机械	叉式起重机 3t	台班	484.07	0.15	0.14	0.15	0.14	0.12	0.13	0.15	0.15	0.13	0.15
	灰浆搅拌机 200L	台班	208.76	0.14	—	0.14	—	0.13	0.14	0.13	0.14	0.14	0.14
	磨砖机 4kW	台班	22.61	0.05	0.09	0.05	0.09	0.09	0.05	0.09	0.05	0.05	0.05
	切砖机 5.5kW	台班	32.04	0.12	0.12	0.12	0.12	0.12	0.12	0.12	0.12	0.12	0.12
	离心通风机 335m³	台班	85.70	0.05	0.09	0.05	0.09	0.09	0.05	0.09	0.05	0.05	0.05
	卷扬机 带40m塔 50kN	台班	242.92	0.15	0.14	0.15	0.14	0.12	0.13	0.15	0.15	0.13	0.15

六、硅　砖

编　　号			4-391	4-392	4-393	4-394	4-395	4-396	4-397	4-398	4-399	4-400
项　目			底、直墙				圆形墙				弧形拱	
			标普		异特		标普		异特		标普	异特
			II类	III类	II类	III类	II类	III类	II类	III类		
预算基价	总　　价（元）		**1041.67**	**965.77**	**1121.84**	**1045.11**	**1091.10**	**1022.47**	**1128.59**	**1050.51**	**1218.80**	**1254.94**
	人　工　费（元）		807.30	718.20	878.85	783.00	862.65	774.90	885.60	788.40	1005.75	1027.35
	材　料　费（元）		130.45	146.98	124.53	146.98	124.53	146.98	124.53	146.98	109.13	109.13
	机　械　费（元）		103.92	100.59	118.46	115.13	103.92	100.59	118.46	115.13	103.92	118.46
组成内容		单位	单价	数　　量								
人工	综合工	工日	135.00	5.98	5.32	6.51	5.80	6.39	5.74	6.56	5.84	7.45	7.61
材料	硅砖 GZ-93	t	—	(1.885)	(1.815)	(1.898)	(1.851)	(1.898)	(1.843)	(1.906)	(1.859)	(1.900)	(1.898)
	硅质火泥 GF-90	kg	0.77	160	190	160	190	160	190	160	190	140	140
	水	m³	7.62	0.06	0.06	0.06	0.06	0.06	0.06	0.06	0.06	0.06	0.06
	碳化硅砂轮 D290×185	个	131.53	0.050	—	0.005	—	0.005	—	0.005	—	0.005	0.005
	金刚石砂轮片 D400	片	21.86	0.01	0.01	0.01	0.01	0.01	0.01	0.01	0.01	0.01	0.01
机械	叉式起重机 3t	台班	484.07	0.09	0.09	0.11	0.11	0.09	0.09	0.11	0.11	0.09	0.11
	灰浆搅拌机 200L	台班	208.76	0.14	0.15	0.14	0.15	0.14	0.15	0.14	0.15	0.14	0.14
	磨砖机 4kW	台班	22.61	0.05	—	0.05	—	0.05	—	0.05	—	0.05	0.05
	切砖机 5.5kW	台班	32.04	0.12	0.12	0.12	0.12	0.12	0.12	0.12	0.12	0.12	0.12
	离心通风机 335m³	台班	85.70	0.05	—	0.05	—	0.05	—	0.05	—	0.05	0.05
	卷扬机 带40m塔 50kN	台班	242.92	0.09	0.09	0.11	0.11	0.09	0.09	0.11	0.11	0.09	0.11

单位：m³

编　　号			4-401	4-402	4-403	4-404	4-405	4-406	4-407	4-408	4-409
项　目			烧嘴	平、斜顶挂砖				反拱底			
				带齿		不带齿		标普		异特	
				湿砌	干砌	湿砌	干砌	Ⅰ类	Ⅱ类	Ⅰ类	Ⅱ类
预算基价	总　　价(元)		**2868.19**	**1668.04**	**1123.69**	**1495.24**	**985.99**	**1250.32**	**1131.60**	**1287.81**	**1167.74**
	人　工　费(元)		2640.60	1440.45	1040.85	1267.65	903.15	1042.20	903.15	1065.15	924.75
	材　料　费(元)		109.13	109.13	0.88	109.13	0.88	101.96	124.53	101.96	124.53
	机　械　费(元)		118.46	118.46	81.96	118.46	81.96	106.16	103.92	120.70	118.46
组　成　内　容		单位	单价	数　　量								
人工	综合工	工日	135.00	19.56	10.67	7.71	9.39	6.69	7.72	6.69	7.89	6.85
材料	硅砖 GZ-93	t	—	(1.904)	(1.887)	(1.906)	(1.900)	(1.911)	(1.951)	(1.879)	(1.949)	(1.877)
	硅质火泥 GF-90	kg	0.77	140	140	—	140	—	130	160	130	160
	水	m³	7.62	0.06	0.06	—	0.06	—	0.06	0.06	0.06	0.06
	碳化硅砂轮 D290×185	个	131.53	0.005	0.005	0.005	0.005	0.005	0.009	0.005	0.009	0.005
	金刚石砂轮片 D400	片	21.86	0.01	0.01	0.01	0.01	0.01	0.01	0.01	0.01	0.01
机械	叉式起重机 3t	台班	484.07	0.11	0.11	0.10	0.11	0.10	0.09	0.09	0.11	0.11
	灰浆搅拌机 200L	台班	208.76	0.14	0.14	—	0.14	—	0.13	0.14	0.13	0.14
	磨砖机 4kW	台班	22.61	0.05	0.05	0.05	0.05	0.05	0.09	0.05	0.09	0.05
	切砖机 5.5kW	台班	32.04	0.12	0.12	0.12	0.12	0.12	0.12	0.12	0.12	0.12
	离心通风机 335m³	台班	85.70	0.05	0.05	0.05	0.05	0.05	0.09	0.05	0.09	0.05
	卷扬机 带40m塔 50kN	台班	242.92	0.11	0.11	0.10	0.11	0.10	0.09	0.09	0.11	0.11

七、镁 质 砖

编　号			4-410	4-411	4-412	4-413	4-414	4-415
项　目			底、直墙					
			标普			异特		
			Ⅰ类	Ⅱ类	干砌	Ⅰ类	Ⅱ类	干砌
预算基价	总　　价(元)		**1763.17**	**1713.44**	**1084.07**	**1811.46**	**1767.92**	**1136.93**
	人 工 费(元)		1256.85	1086.75	810.00	1290.60	1121.85	841.05
	材 料 费(元)		359.15	480.43	163.40	359.15	480.43	163.40
	机 械 费(元)		147.17	146.26	110.67	161.71	165.64	132.48
组 成 内 容		单价	数　量					
单位								
人工	综合工	工日	135.00	9.31	8.05	6.00	9.56	8.31	6.23
材料	镁砖 MZ-87	t	—	(2.806)	(2.764)	(2.747)	(2.817)	(2.738)	(2.817)
	镁质火泥 MF-82	kg	2.10	150	190	75	150	190	75
	卤水块	kg	1.35	28	56	—	28	56	—
	水	m³	7.62	0.06	0.06	—	0.06	0.06	—
	碳化硅砂轮 D290×185	个	131.53	0.009	0.005	0.009	0.009	0.005	0.009
	碳化硅砂轮片 D400×25×(3～4)	片	19.64	0.24	0.24	0.24	0.24	0.24	0.24
机械	叉式起重机 3t	台班	484.07	0.14	0.14	0.13	0.16	0.17	0.16
	灰浆搅拌机 200L	台班	208.76	0.14	0.14	—	0.14	0.14	—
	磨砖机 4kW	台班	22.61	0.09	0.05	0.09	0.09	0.05	0.09
	切砖机 5.5kW	台班	32.04	0.12	0.12	0.12	0.12	0.12	0.12
	离心通风机 335m³	台班	85.70	0.12	0.12	0.12	0.12	0.12	0.12
	卷扬机 带40m塔 50kN	台班	242.92	0.14	0.14	0.13	0.16	0.16	0.16

编　号			4-416	4-417	4-418	4-419	4-420	4-421
项　目			圆形墙					
			标普			异特		
			Ⅰ类	Ⅱ类	干砌	Ⅰ类	Ⅱ类	干砌
预算基价	总　　价(元)		**1778.02**	**1708.04**	**1081.37**	**1803.36**	**1761.17**	**1135.58**
	人　工　费(元)		1271.70	1081.35	807.30	1282.50	1115.10	839.70
	材　料　费(元)		359.15	480.43	163.40	359.15	480.43	163.40
	机　械　费(元)		147.17	146.26	110.67	161.71	165.64	132.48
组　成　内　容		单位	单价	数　　量				
人工	综合工	工日	135.00	9.42	8.01	5.98	9.50	8.26	6.22
材料	镁砖 MZ-87	t	—	(2.806)	(2.752)	(2.803)	(2.811)	(2.766)	(2.808)
	镁质火泥 MF-82	kg	2.10	150	190	75	150	190	75
	卤水块	kg	1.35	28	56	—	28	56	—
	水	m³	7.62	0.06	0.06	—	0.06	0.06	—
	碳化硅砂轮 D290×185	个	131.53	0.009	0.005	0.009	0.009	0.005	0.009
	碳化硅砂轮片 D400×25×(3～4)	片	19.64	0.24	0.24	0.24	0.24	0.24	0.24
机械	叉式起重机 3t	台班	484.07	0.14	0.14	0.13	0.16	0.17	0.16
	灰浆搅拌机 200L	台班	208.76	0.14	0.14	—	0.14	0.14	—
	磨砖机 4kW	台班	22.61	0.09	0.05	0.09	0.09	0.05	0.09
	切砖机 5.5kW	台班	32.04	0.12	0.12	0.12	0.12	0.12	0.12
	离心通风机 335m³	台班	85.70	0.12	0.12	0.12	0.12	0.12	0.12
	卷扬机 带40m塔 50kN	台班	242.92	0.14	0.14	0.13	0.16	0.16	0.16

编　　号			4-422	4-423	4-424	4-425	4-426
项　　目			弧形拱		反拱底		镁质砖
			标普	异特	标普	异特	挂砖
			干砌				
预算基价	总　　价(元)		**1283.87**	**1336.73**	**1179.92**	**1234.13**	**1644.53**
	人　工　费(元)		1009.80	1040.85	905.85	938.25	1348.65
	材　料　费(元)		163.40	163.40	163.40	163.40	163.40
	机　械　费(元)		110.67	132.48	110.67	132.48	132.48
组　成　内　容		单位	单价	数　　量			
人工	综合工	工日	135.00	7.48	7.71	6.71	6.95	9.99
材料	镁砖 MZ-87	t	—	(2.825)	(2.828)	(2.842)	(2.842)	(2.884)
	镁质火泥 MF-82	kg	2.10	75	75	75	75	75
	碳化硅砂轮 D290×185	个	131.53	0.009	0.009	0.009	0.009	0.009
	碳化硅砂轮片 D400×25×(3～4)	片	19.64	0.24	0.24	0.24	0.24	0.24
机械	叉式起重机 3t	台班	484.07	0.13	0.16	0.13	0.16	0.16
	磨砖机 4kW	台班	22.61	0.09	0.09	0.09	0.09	0.09
	切砖机 5.5kW	台班	32.04	0.12	0.12	0.12	0.12	0.12
	离心通风机 335m^3	台班	85.70	0.12	0.12	0.12	0.12	0.12
	卷扬机 带40m塔 50kN	台班	242.92	0.13	0.16	0.13	0.16	0.16

八、石墨块、炭块

单位：m³

编　号			4-427	4-428	4-429	4-430
项　目			石墨块	炭块		
				直、斜墙	平、斜底	立式圆形墙
预算基价	总　　　价(元)		**1617.41**	**812.02**	**812.02**	**922.72**
	人　工　费(元)		1463.40	662.85	662.85	773.55
	材　料　费(元)		69.30	69.30	69.30	69.30
	机　械　费(元)		84.71	79.87	79.87	79.87
组 成 内 容	单位	单价	数　　　量			
人工	综合工	工日	135.00	10.84	4.91	4.91	5.73
材料	石墨块 毛坯	kg	—	(1720)	—	—	—
	炭块	t	—	—	(1.603)	(1.613)	(1.613)
	细缝糊	kg	1.98	35	35	35	35
机械	叉式起重机 3t	台班	484.07	0.10	0.09	0.09	0.09
	电动葫芦 单速 2t	台班	31.60	0.38	0.38	0.38	0.38
	卷扬机 带40m塔 50kN	台班	242.92	0.1	0.1	0.1	0.1

九、刚 玉 砖

单位：m³

编　　号				4-431	4-432	4-433	4-434	4-435	4-436	4-437	4-438	4-439	4-440
项　　目				平、斜底		直、斜墙		立式圆形墙		弧形顶		球形顶	烧嘴
				标普	异特	标普	异特	标普	异特	标普	异特	异特	
预算基价	总　　价(元)			**3075.32**	**3133.58**	**3075.32**	**3133.58**	**3167.12**	**3225.38**	**3411.47**	**3471.08**	**4636.13**	**6212.68**
	人　工　费(元)			1287.90	1324.35	1287.90	1324.35	1379.70	1416.15	1624.05	1661.85	2826.90	4405.05
	材　料　费(元)			1643.21	1643.21	1643.21	1643.21	1643.21	1643.21	1643.21	1643.21	1643.21	1643.21
	机　械　费(元)			144.21	166.02	144.21	166.02	144.21	166.02	144.21	166.02	166.02	164.42
组 成 内 容		单位	单价	数　　量									
人工	综合工	工日	135.00	9.54	9.81	9.54	9.81	10.22	10.49	12.03	12.31	20.94	32.63
材料	刚玉砖	t	—	(2.979)	(3.001)	(3.001)	(3.026)	(3.001)	(3.013)	(3.004)	(2.998)	(3.016)	(2.998)
	刚玉粉	kg	5.19	69	69	69	69	69	69	69	69	69	69
	刚玉砂	kg	9.73	120	120	120	120	120	120	120	120	120	120
	水	m³	7.62	0.01	0.01	0.01	0.01	0.01	0.01	0.01	0.01	0.01	0.01
	磷酸 85%	kg	4.93	20	20	20	20	20	20	20	20	20	20
	氢氧化铝 38%	kg	5.69	3	3	3	3	3	3	3	3	3	3
	金刚石砂轮片 D400	片	21.86	0.08	0.08	0.08	0.08	0.08	0.08	0.08	0.08	0.08	0.08
机械	叉式起重机 3t	台班	484.07	0.15	0.18	0.15	0.18	0.15	0.18	0.15	0.18	0.18	0.18
	灰浆搅拌机 200L	台班	208.76	0.15	0.15	0.15	0.15	0.15	0.15	0.15	0.15	0.15	0.15
	切砖机 5.5kW	台班	32.04	0.12	0.12	0.12	0.12	0.12	0.12	0.12	0.12	0.12	0.07
	卷扬机 带40m塔 50kN	台班	242.92	0.15	0.18	0.15	0.18	0.15	0.18	0.15	0.18	0.18	0.18

十、格 子 砖

编　号			4-441	4-442	4-443	4-444	4-445
项　目			换热室		蓄热室		
			水玻璃泥浆	高强泥浆	板、浪形	多孔形同砌	多孔形错砌
预算基价	总　　价(元)		**1033.25**	**1434.70**	**224.52**	**236.67**	**286.62**
	人 工 费(元)		866.70	1000.35	180.90	193.05	243.00
	材 料 费(元)		102.05	369.85	—	—	—
	机 械 费(元)		64.50	64.50	43.62	43.62	43.62
组 成 内 容	单位	单价	数　　　量				
人工	综合工	工日	135.00	6.42	7.41	1.34	1.43	1.80
材料	黏土质耐火砖 N-2a	t	—	(1.04)	(1.04)	—	—	—
	格子砖	t	—	—	—	(1.025)	(1.030)	(1.030)
	水	m³	7.62	0.03	0.02	—	—	—
	黏土熟料粉	kg	0.67	87	—	—	—	—
	铁矾土	kg	0.87	9	—	—	—	—
	水玻璃	kg	2.38	15	—	—	—	—
	高强泥浆	kg	2.47	—	100	—	—	—
	添加剂	kg	12.27	—	10	—	—	—
机械	叉式起重机 3t	台班	484.07	0.06	0.06	0.06	0.06	0.06
	卷扬机 带40m塔 50kN	台班	242.92	0.06	0.06	0.06	0.06	0.06
	灰浆搅拌机 200L	台班	208.76	0.10	0.10	—	—	—

十一、15m³以内炉窑

编　号			4-446	4-447	4-448	4-449	4-450	4-451
项　目			红砖	硅藻土隔热砖	黏土质隔热耐火砖	高铝质隔热耐火砖	黏土质耐火砖	
							普通泥浆	高强泥浆
预算基价	总　　价(元)		**1065.40**	**783.91**	**1296.33**	**1434.57**	**1573.28**	**2516.11**
	人　工　费(元)		788.40	560.25	1036.80	1101.60	1278.45	1564.65
	材　料　费(元)		100.04	104.46	90.86	183.66	84.80	740.00
	机　械　费(元)		176.96	119.20	168.67	149.31	210.03	211.46
组　成　内　容		单位	单价	数　　　量				
人工	综合工	工日	135.00	5.84	4.15	7.68	8.16	9.47	11.59
材料	红砖	千块	—	(0.583)	—	—	—	—	—
	硅藻土隔热砖 GG-0.7	t	—	—	(0.651)	—	—	—	—
	黏土质隔热耐火砖 NG-1.3a	t	—	—	—	(1.318)	—	—	—
	高铝质隔热耐火砖 LG-1.0	t	—	—	—	—	(1.012)	—	—
	黏土质耐火砖 N-2a	t	—	—	—	—	—	(2.178)	(2.178)
	湿拌砌筑砂浆 M5.0	m³	330.94	0.3	—	—	—	—	—
	水	m³	7.62	0.10	0.06	0.06	0.06	0.06	0.05
	黏土质耐火泥 NF-40细粒	kg	0.52	—	200	160	—	160	—
	碳化硅砂轮 D290×185	个	131.53	—	—	0.007	0.007	0.007	—
	碳化硅砂轮片 D400×25×(3~4)	片	19.64	—	—	0.32	0.32	—	—
	高铝质火泥 LF-70细粒	kg	0.80	—	—	—	220	—	—
	金刚石砂轮片 D400	片	21.86	—	—	—	—	0.01	0.01
	高强泥浆	kg	2.47	—	—	—	—	—	200
	添加剂	kg	12.27	—	—	—	—	—	20
机械	叉式起重机 3t	台班	484.07	0.22	0.16	0.22	0.18	0.33	0.34
	灰浆搅拌机 200L	台班	208.76	0.20	0.20	0.20	0.20	0.18	0.20
	筛砂机	台班	220.87	0.13	—	—	—	—	—
	磨砖机 4kW	台班	22.61	—	—	0.07	0.07	0.07	—
	切砖机 5.5kW	台班	32.04	—	—	0.16	0.16	0.16	0.16
	离心通风机 335m³	台班	85.70	—	—	0.16	0.16	0.07	—

编　　号			4-452	4-453	4-454	4-455	4-456
项　　目			高铝砖		硅砖	镁质砖	
			普通泥浆	高强泥浆		湿砌	干砌
预算基价	总　　价(元)		**2003.09**	**2934.27**	**1665.47**	**2591.95**	**1753.15**
	人　工　费(元)		1605.15	1957.50	1350.00	1838.70	1368.90
	材　料　费(元)		154.03	740.44	124.80	482.26	165.36
	机　械　费(元)		243.91	236.33	190.67	270.99	218.89
组　成　内　容	单位	单价	数　　　　量				
人工 综合工	工日	135.00	11.89	14.50	10.00	13.62	10.14
材料 高铝砖 LZ-55	t	—	(2.479)	(2.479)	—	—	—
硅砖 GZ-93	t	—	—	—	(1.925)	—	—
镁砖 MZ-87	t	—	—	—	—	(2.856)	(2.912)
高铝质火泥 LF-70细粒	kg	0.80	190	—	—	—	—
水	m³	7.62	0.06	0.05	0.06	0.06	—
碳化硅砂轮 D290×185	个	131.53	0.007	—	0.007	0.007	0.012
金刚石砂轮片 D400	片	21.86	0.03	0.03	0.01	—	—
高强泥浆	kg	2.47	—	200	—	—	—
添加剂	kg	12.27	—	20	—	—	—
硅质火泥 GF-90	kg	0.77	—	—	160	—	—
镁质火泥 MF-82	kg	2.10	—	—	—	190	75
卤水块	kg	1.35	—	—	—	56	—
碳化硅砂轮片 D400×25×(3~4)	片	19.64	—	—	—	0.32	0.32
机械 叉式起重机 3t	台班	484.07	0.40	0.40	0.29	0.44	0.41
灰浆搅拌机 200L	台班	208.76	0.18	0.18	0.18	0.18	—
磨砖机 4kW	台班	22.61	0.07	—	0.07	0.07	0.07
切砖机 5.5kW	台班	32.04	0.16	0.16	0.16	0.16	0.16
离心通风机 335m³	台班	85.70	0.07	—	0.07	0.16	0.16

第七章　不定形耐火材料

说　　明

一、本章适用范围：工业炉窑中各种耐火(隔热)浇注料、耐火捣打料、耐火可塑料和耐火喷涂料工程。

二、本章基价各子目包括下列工作内容：施工部位的清扫与准备、施工测量放线，现场200m以内水平运输，不定形耐火材料的搅拌与输送，模板制作、安装、拆除，浇注料的浇注与振动，可塑料和捣打料的捣固，喷涂料的喷涂，自然干燥与养护，工作地点的清扫与清废。

三、本章基价不适用于工厂预制或永久性生产车间生产的耐火(隔热)浇注料预制块。

四、本章应注意的问题：

1.本章基价未考虑炉壳除锈、不定形耐火材料中埋设钢筋，锚固件和铺设钢丝网及可塑料维护修整的工料消耗，发生时执行辅助工程中的相应子目。

2.基价内不包括用蒸汽、煤气、红外线等烘烤、养护要求，需要时可按实另计。

3.耐火(隔热)浇注料、耐火可塑料和耐火捣打料工程，施工所耗用的模板已按接触面积综合计算在基价含量内。

4.在耐火可塑料子目中材料消耗量未考虑，因设计压缩比要求而增加的材料消耗量，发生时可按实调整。

五、喷涂基价适用于各种工业炉窑，金属烟囱的耐火、隔热、耐磨衬里的机械喷涂工程。基价内包括了回弹在内的各种材料损耗。施工中如设计壁厚、材质与基价子目不符时，允许按相应基价子目换算。

六、执行本章基价中密闭式工业炉耐火或隔热浇注料子目，必须具备以下三个基本条件，缺一不可，否则不得执行。

1.必须是不准许开割进料孔的整体金属炉壳。

2.炉壳的内径小于2500mm。

3.全炉耐火(隔热)浇注料工程量小于30m³。

七、预制块砌筑与安装以单块质量50kg为界，50kg以内为砌筑，50kg以外为安装。

八、预制块砌筑执行相应部位的砌筑子目。

1.耐火浇注料预制块砌筑，执行异型黏土质耐火砖Ⅱ类砌体相应子目。

2.隔热耐火浇注料预制块砌筑，执行黏土质隔热耐火砖砌体相应子目。

3.执行砌筑子目时，应将子目中耐火砖换算为预制块的预算价格，其净用量为0.961m³，损耗率为1.5%，子目数量为0.975m³。

工程量计算规则

一、现浇耐火（隔热）浇注料浇注：根据浇注材料、浇注部位、浇注厚度分别按设计图示尺寸以体积计算。

二、耐火捣打料捣打：根据捣打材料、捣打方式和压缩比要求分别按设计图示尺寸以体积计算。

三、耐火可塑料捣打：根据捣打材料、捣打部位分别按设计图示尺寸以体积计算。

四、耐火喷涂料喷涂：根据喷涂材料、喷涂部位、喷涂厚度和喷涂直径分别按设计图示喷涂接触面积计算。

五、计算工程量时应注意下列规定：

1.接触面积计算,喷涂回弹率(包括修形损失量)的计算公式如下：

$$V_0 = P \cdot (1 + K)$$

式中： V_0 —— 基价的消耗量；

   P —— 基价的净用量；

   K —— 基价的回弹率。

2.耐火浇注料中如设计要求埋设钢筋或辅挂钢丝网时,其搭接按长度或面积可一并计入工程量。

3.不定形耐火材料施工模板(除步进梁用异型钢模板外),已按面积摊入基价内,不得重复计算。

六、人工涂抹不定形耐火材料：根据涂抹材料、涂抹厚度分别按设计图示尺寸以面积计算。

七、耐火（隔热）浇注料制品预制：根据材质和质量分别按设计图示尺寸以体积计算。

八、耐火（隔热）浇注料制品安装：根据制品种类、砌筑泥浆分别按设计图示尺寸以体积计算。

一、现浇耐火浇注料

1. 平、斜底

单位：m³

编　号			4-457	4-458	4-459	4-460	4-461	4-462
项　目			平、斜底					
			$V>30m^3$		$V=5\sim30m^3$		$V<5m^3$	
			$\delta>100$	$\delta\leqslant100$	$\delta>100$	$\delta\leqslant100$	$\delta>100$	$\delta\leqslant100$
预算基价	总　　价(元)		**934.25**	**1213.38**	**1059.20**	**1335.82**	**1319.92**	**1665.76**
	人　工　费(元)		693.90	888.30	807.30	996.30	1044.90	1297.35
	材　料　费(元)		75.68	149.62	75.68	149.62	75.68	149.62
	机　械　费(元)		164.67	175.46	176.22	189.90	199.34	218.79
组　成　内　容		单位	单价	数　量				
人工	综合工	工日	135.00	5.14	6.58	5.98	7.38	7.74	9.61
材料	耐火浇注料	m³	—	(1.05)	(1.05)	(1.05)	(1.05)	(1.05)	(1.05)
	木板	m³	1672.03	0.043	0.086	0.043	0.086	0.043	0.086
	水	m³	7.62	0.22	0.22	0.22	0.22	0.22	0.22
	圆钉 $D70$	kg	6.39	0.33	0.65	0.33	0.65	0.33	0.65
机械	叉式起重机 3t	台班	484.07	0.16	0.16	0.16	0.16	0.16	0.16
	涡浆式混凝土搅拌机 350L	台班	288.91	0.16	0.19	0.20	0.24	0.28	0.34
	木工圆锯机 $D500$	台班	26.53	0.08	0.16	0.08	0.16	0.08	0.16
	卷扬机 带40m塔 50kN	台班	242.92	0.16	0.16	0.16	0.16	0.16	0.16

2.反 拱 底

编　号			4-463	4-464	4-465	4-466	4-467	4-468
项　目			反拱底					
			$V>30m^3$		$V=5\sim30m^3$		$V<5m^3$	
			$\delta>100$	$\delta\leqslant100$	$\delta>100$	$\delta\leqslant100$	$\delta>100$	$\delta\leqslant100$
预算基价	总　　价(元)		**1224.06**	**1608.14**	**1370.81**	**1786.13**	**1736.04**	**2223.29**
	人 工 费(元)		927.45	1186.65	1059.75	1347.30	1393.20	1746.90
	材 料 费(元)		113.55	223.69	113.55	223.69	113.55	223.69
	机 械 费(元)		183.06	197.80	197.51	215.14	229.29	252.70
组 成 内 容	单位	单价	数　　量					
人工 综合工	工日	135.00	6.87	8.79	7.85	9.98	10.32	12.94
材料 耐火浇注料	m³	—	(1.05)	(1.05)	(1.05)	(1.05)	(1.05)	(1.05)
木板	m³	1672.03	0.065	0.129	0.065	0.129	0.065	0.129
水	m³	7.62	0.22	0.22	0.22	0.22	0.22	0.22
圆钉 $D70$	kg	6.39	0.50	0.99	0.50	0.99	0.50	0.99
机械 叉式起重机 3t	台班	484.07	0.16	0.16	0.16	0.16	0.16	0.16
涡桨式混凝土搅拌机 350L	台班	288.91	0.22	0.26	0.27	0.32	0.38	0.45
木工圆锯机 $D500$	台班	26.53	0.12	0.24	0.12	0.24	0.12	0.24
卷扬机 带40m塔 50kN	台班	242.92	0.16	0.16	0.16	0.16	0.16	0.16

3.直、斜墙

单位：m³

编　号			4-469	4-470	4-471	4-472	4-473	4-474
项　目			直、斜墙					
			$V>30m^3$		$V=5\sim30m^3$		$V<5m^3$	
			$\delta>100$	$\delta\leqslant100$	$\delta>100$	$\delta\leqslant100$	$\delta>100$	$\delta\leqslant100$
预算基价	总　　价(元)		**1601.89**	**2194.67**	**1790.86**	**2416.24**	**2245.57**	**2964.66**
	人　工　费(元)		1185.30	1543.05	1354.05	1741.50	1771.20	2243.70
	材　料　费(元)		216.16	430.65	216.16	430.65	216.16	430.65
	机　械　费(元)		200.43	220.97	220.65	244.09	258.21	290.31
组成内容	单位	单价	数　量					
人工	综合工	工日	135.00	8.78	11.43	10.03	12.90	13.12	16.62
材料	耐火浇注料	m³	—	(1.05)	(1.05)	(1.05)	(1.05)	(1.05)	(1.05)
	木板	m³	1672.03	0.124	0.248	0.124	0.248	0.124	0.248
	水	m³	7.62	0.22	0.22	0.22	0.22	0.22	0.22
	圆钉 $D70$	kg	6.39	1.12	2.24	1.12	2.24	1.12	2.24
机械	叉式起重机 3t	台班	484.07	0.16	0.16	0.16	0.16	0.16	0.16
	涡桨式混凝土搅拌机 350L	台班	288.91	0.27	0.32	0.34	0.40	0.47	0.56
	木工圆锯机 $D500$	台班	26.53	0.23	0.46	0.23	0.46	0.23	0.46
	卷扬机 带40m塔 50kN	台班	242.92	0.16	0.16	0.16	0.16	0.16	0.16

4.圆 形 墙

单位：m³

编　号			4-475	4-476	4-477	4-478	4-479	4-480
项　目			圆形墙					
			内径>2m					
			V>30m³		V=5~30m³		V<5m³	
			δ>100	δ≤100	δ>100	δ≤100	δ>100	δ≤100
预算基价	总　　价(元)		**1762.17**	**2352.53**	**1979.50**	**2611.89**	**2508.83**	**3247.09**
	人　工　费(元)		1375.65	1768.50	1572.75	2004.75	2058.75	2587.95
	材　料　费(元)		178.49	353.62	178.49	353.62	178.49	353.62
	机　械　费(元)		208.03	230.41	228.26	253.52	271.59	305.52
组 成 内 容		单位	单价	数　　量				
人工	综合工	工日	135.00	10.19	13.10	11.65	14.85	15.25	19.17
材料	耐火浇注料	m³	—	(1.05)	(1.05)	(1.05)	(1.05)	(1.05)	(1.05)
	木板	m³	1672.03	0.102	0.203	0.102	0.203	0.102	0.203
	水	m³	7.62	0.22	0.22	0.22	0.22	0.22	0.22
	圆钉 D70	kg	6.39	0.98	1.96	0.98	1.96	0.98	1.96
机械	义式起重机 3t	台班	484.07	0.16	0.16	0.16	0.16	0.16	0.16
	涡浆式混凝土搅拌机 350L	台班	288.91	0.30	0.36	0.37	0.44	0.52	0.62
	木工圆锯机 D500	台班	26.53	0.19	0.38	0.19	0.38	0.19	0.38
	卷扬机 带40m塔 50kN	台班	242.92	0.16	0.16	0.16	0.16	0.16	0.16

124

编　号			4-481	4-482	4-483	4-484	4-485	4-486
项　目			圆形墙					
			内径≤2m					
			$V>30m^3$		$V=5\sim30m^3$		$V<5m^3$	
			$\delta>100$	$\delta\leqslant100$	$\delta>100$	$\delta\leqslant100$	$\delta>100$	$\delta\leqslant100$
预算基价	总　　价(元)		**1919.72**	**2499.46**	**2175.22**	**2845.60**	**2803.48**	**3597.47**
	人 工 费(元)		1518.75	1898.10	1748.25	2215.35	2327.40	2906.55
	材 料 费(元)		178.49	353.62	178.49	353.62	178.49	353.62
	机 械 费(元)		222.48	247.74	248.48	276.63	297.59	337.30
组 成 内 容	单位	单价	数　　量					
人工 综合工	工日	135.00	11.25	14.06	12.95	16.41	17.24	21.53
材料 耐火浇注料	m³	—	(1.05)	(1.05)	(1.05)	(1.05)	(1.05)	(1.05)
木板	m³	1672.03	0.102	0.203	0.102	0.203	0.102	0.203
水	m³	7.62	0.22	0.22	0.22	0.22	0.22	0.22
圆钉 D70	kg	6.39	0.98	1.96	0.98	1.96	0.98	1.96
机械 叉式起重机 3t	台班	484.07	0.16	0.16	0.16	0.16	0.16	0.16
涡桨式混凝土搅拌机 350L	台班	288.91	0.35	0.42	0.44	0.52	0.61	0.73
木工圆锯机 D500	台班	26.53	0.19	0.38	0.19	0.38	0.19	0.38
卷扬机 带40m塔 50kN	台班	242.92	0.16	0.16	0.16	0.16	0.16	0.16

5.平、斜顶

单位：m³

编　号			4-487	4-488	4-489	4-490	4-491	4-492
项　目			平、斜顶					
			$V>30m^3$		$V=5\sim30m^3$		$V<5m^3$	
			$\delta>100$	$\delta\leqslant100$	$\delta>100$	$\delta\leqslant100$	$\delta>100$	$\delta\leqslant100$
预算基价	总　　　价(元)		**1277.77**	**1746.00**	**1429.92**	**1922.44**	**1793.42**	**2443.11**
	人　工　费(元)		922.05	1198.80	1059.75	1360.80	1397.25	1846.80
	材　料　费(元)		179.47	358.86	179.47	358.86	179.47	358.86
	机　械　费(元)		176.25	188.34	190.70	202.78	216.70	237.45
组 成 内 容	单位	单价	数　　量					
人工	综合工	工日	135.00	6.83	8.88	7.85	10.08	10.35	13.68
材料	耐火浇注料	m³	—	(1.05)	(1.05)	(1.05)	(1.05)	(1.05)	(1.05)
	木板	m³	1672.03	0.104	0.209	0.104	0.209	0.104	0.209
	水	m³	7.62	0.22	0.22	0.22	0.22	0.22	0.22
	圆钉 D70	kg	6.39	0.61	1.21	0.61	1.21	0.61	1.21
机械	叉式起重机 3t	台班	484.07	0.16	0.16	0.16	0.16	0.16	0.16
	涡桨式混凝土搅拌机 350L	台班	288.91	0.19	0.23	0.24	0.28	0.33	0.40
	木工圆锯机 D500	台班	26.53	0.19	0.21	0.19	0.21	0.19	0.21
	卷扬机 带40m塔 50kN	台班	242.92	0.16	0.16	0.16	0.16	0.16	0.16

6.弧 形 顶

编　号			4-493	4-494	4-495	4-496	4-497	4-498
项　目			弧形顶					
			$V>30m^3$		$V=5\sim30m^3$		$V<5m^3$	
			$\delta>100$	$\delta\leqslant100$	$\delta>100$	$\delta\leqslant100$	$\delta>100$	$\delta\leqslant100$
预算基价	总　　　价(元)		**1982.33**	**2780.01**	**2221.26**	**3044.77**	**2768.14**	**3708.33**
	人　工　费(元)		1560.60	2122.20	1779.30	2363.85	2282.85	2975.40
	材　料　费(元)		212.64	425.28	212.64	425.28	212.64	425.28
	机　械　费(元)		209.09	232.53	229.32	255.64	272.65	307.65
组 成 内 容		单位	单价	数　　　量				
人工	综合工	工日	135.00	11.56	15.72	13.18	17.51	16.91	22.04
材料	耐火浇注料	m³	—	(1.05)	(1.05)	(1.05)	(1.05)	(1.05)	(1.05)
	木板	m³	1672.03	0.123	0.247	0.123	0.247	0.123	0.247
	水	m³	7.62	0.22	0.22	0.22	0.22	0.22	0.22
	圆钉 $D70$	kg	6.39	0.83	1.66	0.83	1.66	0.83	1.66
机械	叉式起重机 3t	台班	484.07	0.16	0.16	0.16	0.16	0.16	0.16
	涡浆式混凝土搅拌机 350L	台班	288.91	0.30	0.36	0.37	0.44	0.52	0.62
	木工圆锯机 $D500$	台班	26.53	0.23	0.46	0.23	0.46	0.23	0.46
	卷扬机 带40m塔 50kN	台班	242.92	0.16	0.16	0.16	0.16	0.16	0.16

7.球 形 顶

编　号			4-499	4-500	4-501	4-502	4-503	4-504
项　目			球形顶					
			$V>30m^3$		$V=5\sim30m^3$		$V<5m^3$	
			$\delta>100$	$\delta\leqslant100$	$\delta>100$	$\delta\leqslant100$	$\delta>100$	$\delta\leqslant100$
预算基价	总　　价(元)		**2341.33**	**3364.22**	**2583.15**	**3653.48**	**3180.17**	**4411.91**
	人　工　费(元)		1877.85	2631.15	2096.55	2894.40	2647.35	3595.05
	材　料　费(元)		247.55	490.02	247.55	490.02	247.55	490.02
	机　械　费(元)		215.93	243.05	239.05	269.06	285.27	326.84
组 成 内 容	单位	单价	数　　　　　量					
人工 综合工	工日	135.00	13.91	19.49	15.53	21.44	19.61	26.63
材料 耐火浇注料	m³	—	(1.05)	(1.05)	(1.05)	(1.05)	(1.05)	(1.05)
木板	m³	1672.03	0.143	0.284	0.143	0.284	0.143	0.284
水	m³	7.62	0.22	0.22	0.22	0.22	0.22	0.22
圆钉 $D70$	kg	6.39	1.06	2.11	1.06	2.11	1.06	2.11
机械 义式起重机 3t	台班	484.07	0.16	0.16	0.16	0.16	0.16	0.16
涡桨式混凝土搅拌机 350L	台班	288.91	0.32	0.39	0.40	0.48	0.56	0.68
木工圆锯机 $D500$	台班	26.53	0.27	0.53	0.27	0.53	0.27	0.53
卷扬机 带40m塔 50kN	台班	242.92	0.16	0.16	0.16	0.16	0.16	0.16

8.镁铬质耐火浇注料

单位：m³

编　号				4-505	4-506	4-507	4-508
项　目				镁铬质耐火浇注料			
				炉底	直、斜墙	圆形墙	炉顶
预算基价	总　　价(元)			**1731.11**	**1944.55**	**2518.43**	**2518.43**
	人　工　费(元)			1375.65	1545.75	2076.30	2076.30
	材　料　费(元)			110.14	110.14	110.14	110.14
	机　械　费(元)			245.32	288.66	331.99	331.99
组　成　内　容		单位	单价	数　　量			
人工	综合工	工日	135.00	10.19	11.45	15.38	15.38
材料	镁铬质耐火浇注料	m³	—	(1.05)	(1.05)	(1.05)	(1.05)
	木板	m³	1672.03	0.064	0.064	0.064	0.064
	圆钉 D70	kg	6.39	0.49	0.49	0.49	0.49
机械	叉式起重机 3t	台班	484.07	0.19	0.19	0.19	0.19
	涡桨式混凝土搅拌机 350L	台班	288.91	0.36	0.51	0.66	0.66
	木工圆锯机 D500	台班	26.53	0.12	0.12	0.12	0.12
	卷扬机 带40m塔 50kN	台班	242.92	0.19	0.19	0.19	0.19

9.刚玉质、莫来石质

单位：m³

编　号			4-509	4-510	4-511	4-512	4-513	4-514
项　目			现浇耐火浇注料					
			刚玉质耐火浇注料			莫来石质耐火浇注料		
			直、斜墙	圆形墙	炉顶	直、斜墙	圆形墙	炉顶
预算基价	总　价(元)		**3341.23**	**3880.90**	**4255.89**	**2837.00**	**3234.54**	**3609.53**
	人　工　费(元)		2656.80	3196.80	3518.10	2182.95	2586.60	2907.90
	材　料　费(元)		321.73	265.21	317.31	321.73	265.21	317.31
	机　械　费(元)		362.70	418.89	420.48	332.32	382.73	384.32
组 成 内 容	单位	单价	数　量					
人工 综合工	工日	135.00	19.68	23.68	26.06	16.17	19.16	21.54
材料 刚玉质耐火浇注料	m³	—	(1.05)	(1.05)	(1.05)	—	—	—
莫来石质耐火浇注料	m³	—	—	—	—	(1.05)	(1.05)	(1.05)
木板	m³	1672.03	0.186	0.153	0.185	0.186	0.153	0.185
圆钉 D70	kg	6.39	1.68	1.47	1.25	1.68	1.47	1.25
机械 叉式起重机 3t	台班	484.07	0.20	0.20	0.20	0.19	0.19	0.19
涡桨式混凝土搅拌机 350L	台班	288.91	0.72	0.92	0.92	0.64	0.82	0.82
木工圆锯机 D500	台班	26.53	0.35	0.29	0.35	0.35	0.29	0.35
卷扬机 带40m塔 50kN	台班	242.92	0.20	0.20	0.20	0.19	0.19	0.19

二、现浇隔热耐火浇注料
1.平、斜底

单位：m³

编　号			4-515	4-516	4-517	4-518	4-519	4-520
项　目			平、斜底					
			$V>30m^3$		$V=5\sim30m^3$		$V<5m^3$	
			$\delta>100$	$\delta\leqslant100$	$\delta>100$	$\delta\leqslant100$	$\delta>100$	$\delta\leqslant100$
预算基价	总　　价(元)		**895.15**	**1187.60**	**1009.12**	**1328.95**	**1295.29**	**1673.36**
	人 工 费(元)		710.10	920.70	815.40	1047.60	1081.35	1368.90
	材 料 费(元)		77.05	151.00	77.05	151.00	77.05	151.00
	机 械 费(元)		108.00	115.90	116.67	130.35	136.89	153.46
组 成 内 容		单位	单价	数　　量				
人工	综合工	工日	135.00	5.26	6.82	6.04	7.76	8.01	10.14
材料	隔热耐火浇注料	m³	—	(1.05)	(1.05)	(1.05)	(1.05)	(1.05)	(1.05)
	木板	m³	1672.03	0.043	0.086	0.043	0.086	0.043	0.086
	水	m³	7.62	0.4	0.4	0.4	0.4	0.4	0.4
	圆钉 D70	kg	6.39	0.33	0.65	0.33	0.65	0.33	0.65
机械	叉式起重机 3t	台班	484.07	0.09	0.09	0.09	0.09	0.09	0.09
	涡桨式混凝土搅拌机 350L	台班	288.91	0.14	0.16	0.17	0.21	0.24	0.29
	木工圆锯机 D500	台班	26.53	0.08	0.16	0.08	0.16	0.08	0.16
	卷扬机 带40m塔 50kN	台班	242.92	0.09	0.09	0.09	0.09	0.09	0.09

131

2.反 拱 底

编 号			4-521	4-522	4-523	4-524	4-525	4-526
项 目			反拱底					
			$V>30m^3$		$V=5\sim30m^3$		$V<5m^3$	
			$\delta>100$	$\delta\leq100$	$\delta>100$	$\delta\leq100$	$\delta>100$	$\delta\leq100$
预算基价	总 价(元)		**1205.21**	**1630.97**	**1361.22**	**1821.10**	**1742.27**	**2292.39**
	人 工 费(元)		963.90	1267.65	1108.35	1440.45	1463.40	1868.40
	材 料 费(元)		114.92	225.07	114.92	225.07	114.92	225.07
	机 械 费(元)		126.39	138.25	137.95	155.58	163.95	198.92
组 成 内 容	单位	单价	数 量					
人工 综合工	工日	135.00	7.14	9.39	8.21	10.67	10.84	13.84
材料 隔热耐火浇注料	m³	—	(1.05)	(1.05)	(1.05)	(1.05)	(1.05)	(1.05)
木板	m³	1672.03	0.065	0.129	0.065	0.129	0.065	0.129
水	m³	7.62	0.4	0.4	0.4	0.4	0.4	0.4
圆钉 D70	kg	6.39	0.50	0.99	0.50	0.99	0.50	0.99
机械 叉式起重机 3t	台班	484.07	0.09	0.09	0.09	0.09	0.09	0.09
涡桨式混凝土搅拌机 350L	台班	288.91	0.20	0.23	0.24	0.29	0.33	0.44
木工圆锯机 D500	台班	26.53	0.12	0.24	0.12	0.24	0.12	0.24
卷扬机 带40m塔 50kN	台班	242.92	0.09	0.09	0.09	0.09	0.09	0.09

132

3.直、斜墙

单位：m³

编　号			4-527	4-528	4-529	4-530	4-531	4-532
项　目			直、斜墙					
			$V>30m^3$		$V=5\sim30m^3$		$V<5m^3$	
			$\delta>100$	$\delta\leq100$	$\delta>100$	$\delta\leq100$	$\delta>100$	$\delta\leq100$
预算基价	总　　　价(元)		**1481.42**	**1949.44**	**1663.45**	**2307.54**	**2096.19**	**2828.59**
	人　工　费(元)		1125.90	1367.55	1290.60	1699.65	1691.55	2180.25
	材　料　费(元)		217.54	432.03	217.54	432.03	217.54	432.03
	机　械　费(元)		137.98	149.86	155.31	175.86	187.10	216.31
组成内容	单位	单价	数　　量					
人工 综合工	工日	135.00	8.34	10.13	9.56	12.59	12.53	16.15
材料 隔热耐火浇注料	m³	—	(1.05)	(1.05)	(1.05)	(1.05)	(1.05)	(1.05)
木板	m³	1672.03	0.124	0.248	0.124	0.248	0.124	0.248
水	m³	7.62	0.4	0.4	0.4	0.4	0.4	0.4
圆钉 $D70$	kg	6.39	1.12	2.24	1.12	2.24	1.12	2.24
机械 叉式起重机 3t	台班	484.07	0.09	0.09	0.09	0.09	0.09	0.09
涡浆式混凝土搅拌机 350L	台班	288.91	0.23	0.25	0.29	0.34	0.40	0.48
木工圆锯机 $D500$	台班	26.53	0.23	0.46	0.23	0.46	0.23	0.46
卷扬机 带40m塔 50kN	台班	242.92	0.09	0.09	0.09	0.09	0.09	0.09

4.圆 形 墙

单位：m³

编 号			4-533	4-534	4-535	4-536	4-537	4-538
项 目			圆形墙					
			内径＞2m					
			$V>30m^3$		$V=5\sim30m^3$		$V<5m^3$	
			$\delta>100$	$\delta\leqslant100$	$\delta>100$	$\delta\leqslant100$	$\delta>100$	$\delta\leqslant100$
预算基价	总　　价(元)		**1556.46**	**2142.57**	**1751.99**	**2378.99**	**2231.00**	**2951.52**
	人 工 费(元)		1233.90	1625.40	1412.10	1838.70	1853.55	2367.90
	材 料 费(元)		179.86	354.99	179.86	354.99	179.86	354.99
	机 械 费(元)		142.70	162.18	160.03	185.30	197.59	228.63
组 成 内 容	单位	单价	数　　量					
人工	综合工	工日	135.00	9.14	12.04	10.46	13.62	13.73	17.54
材料	隔热耐火浇注料	m³	—	(1.05)	(1.05)	(1.05)	(1.05)	(1.05)	(1.05)
	木板	m³	1672.03	0.102	0.203	0.102	0.203	0.102	0.203
	水	m³	7.62	0.4	0.4	0.4	0.4	0.4	0.4
	圆钉 D70	kg	6.39	0.98	1.96	0.98	1.96	0.98	1.96
机械	叉式起重机 3t	台班	484.07	0.09	0.09	0.09	0.09	0.09	0.09
	涡浆式混凝土搅拌机 350L	台班	288.91	0.25	0.30	0.31	0.38	0.44	0.53
	木工圆锯机 D500	台班	26.53	0.19	0.38	0.19	0.38	0.19	0.38
	卷扬机 带40m塔 50kN	台班	242.92	0.09	0.09	0.09	0.09	0.09	0.09

单位：m³

编　号				4-539	4-540	4-541	4-542	4-543	4-544
项　目				圆形墙					
				内径≤2m					
				$V>30m^3$		$V=5\sim30m^3$		$V<5m^3$	
				$\delta>100$	$\delta\leq100$	$\delta>100$	$\delta\leq100$	$\delta>100$	$\delta<100$
预算基价	总　价(元)			**1701.85**	**2313.81**	**1928.63**	**2589.56**	**2490.36**	**3263.72**
	人工费(元)			1364.85	1779.30	1571.40	2029.05	2089.80	2654.10
	材料费(元)			179.86	354.99	179.86	354.99	179.86	354.99
	机械费(元)			157.14	179.52	177.37	205.52	220.70	254.63
组　成　内　容		单位	单价	数　量					
人工	综合工	工日	135.00	10.11	13.18	11.64	15.03	15.48	19.66
材料	隔热耐火浇注料	m³	—	(1.05)	(1.05)	(1.05)	(1.05)	(1.05)	(1.05)
	木板	m³	1672.03	0.102	0.203	0.102	0.203	0.102	0.203
	水	m³	7.62	0.4	0.4	0.4	0.4	0.4	0.4
	圆钉 D70	kg	6.39	0.98	1.96	0.98	1.96	0.98	1.96
机械	叉式起重机 3t	台班	484.07	0.09	0.09	0.09	0.09	0.09	0.09
	涡桨式混凝土搅拌机 350L	台班	288.91	0.30	0.36	0.37	0.45	0.52	0.62
	木工圆锯机 D500	台班	26.53	0.19	0.38	0.19	0.38	0.19	0.38
	卷扬机 带40m塔 50kN	台班	242.92	0.09	0.09	0.09	0.09	0.09	0.09

5.平、斜顶

编　号			4-545	4-546	4-547	4-548	4-549	4-550
项　目			平、斜顶					
			$V>30\text{m}^3$		$V=5\sim30\text{m}^3$		$V<5\text{m}^3$	
			$\delta>100$	$\delta\leq100$	$\delta>100$	$\delta\leq100$	$\delta>100$	$\delta\leq100$
预算基价	总　　价(元)		**1160.19**	**1628.22**	**1287.84**	**1774.97**	**1621.45**	**2076.56**
	人　工　费(元)		862.65	1142.10	978.75	1274.40	1289.25	1547.10
	材　料　费(元)		180.84	360.23	180.84	360.23	180.84	360.23
	机　械　费(元)		116.70	125.89	128.25	140.34	151.36	169.23
组　成　内　容	单位	单价	数　　量					
人工	综合工	工日	135.00	6.39	8.46	7.25	9.44	9.55	11.46
材料	隔热耐火浇注料	m³	—	(1.05)	(1.05)	(1.05)	(1.05)	(1.05)	(1.05)
	木板	m³	1672.03	0.104	0.209	0.104	0.209	0.104	0.209
	水	m³	7.62	0.4	0.4	0.4	0.4	0.4	0.4
	圆钉 D70	kg	6.39	0.61	1.21	0.61	1.21	0.61	1.21
机械	叉式起重机 3t	台班	484.07	0.09	0.09	0.09	0.09	0.09	0.09
	涡桨式混凝土搅拌机 350L	台班	288.91	0.16	0.19	0.20	0.24	0.28	0.34
	木工圆锯机 D500	台班	26.53	0.19	0.21	0.19	0.21	0.19	0.21
	卷扬机 带40m塔 50kN	台班	242.92	0.09	0.09	0.09	0.09	0.09	0.09

6.弧 形 顶

单位：m³

编　号			4-551	4-552	4-553	4-554	4-555	4-556
项　目			弧形顶					
			$V>30m^3$		$V=5\sim30m^3$		$V<5m^3$	
			$\delta>100$	$\delta\leqslant100$	$\delta>100$	$\delta\leqslant100$	$\delta>100$	$\delta\leqslant100$
预算基价	总　　　价(元)		**1813.07**	**2606.51**	**2014.00**	**2851.02**	**2513.26**	**3449.21**
	人　工　费(元)		1455.30	2015.55	1638.90	2236.95	2100.60	2791.80
	材　料　费(元)		214.01	426.65	214.01	426.65	214.01	426.65
	机　械　费(元)		143.76	164.31	161.09	187.42	198.65	230.76
组 成 内 容	单位	单价	数　　　量					
人工 综合工	工日	135.00	10.78	14.93	12.14	16.57	15.56	20.68
材料 隔热耐火浇注料	m³	—	(1.05)	(1.05)	(1.05)	(1.05)	(1.05)	(1.05)
木板	m³	1672.03	0.123	0.247	0.123	0.247	0.123	0.247
水	m³	7.62	0.4	0.4	0.4	0.4	0.4	0.4
圆钉 D70	kg	6.39	0.83	1.66	0.83	1.66	0.83	1.66
机械 叉式起重机 3t	台班	484.07	0.09	0.09	0.09	0.09	0.09	0.09
涡浆式混凝土搅拌机 350L	台班	288.91	0.25	0.30	0.31	0.38	0.44	0.53
木工圆锯机 D500	台班	26.53	0.23	0.46	0.23	0.46	0.23	0.46
卷扬机 带40m塔 50kN	台班	242.92	0.09	0.09	0.09	0.09	0.09	0.09

7.球 形 顶

单位：m³

编　　号			4-557	4-558	4-559	4-560	4-561	4-562
项　　目			球形顶					
			$V>30m^3$		$V=5\sim30m^3$		$V<5m^3$	
			$\delta>100$	$\delta\leqslant100$	$\delta>100$	$\delta\leqslant100$	$\delta>100$	$\delta\leqslant100$
预算基价	总　　价(元)		**2247.67**	**3293.32**	**2467.69**	**3555.38**	**3006.29**	**4203.90**
	人　工　费(元)		1848.15	2627.10	2047.95	2866.05	2546.10	3465.45
	材　料　费(元)		248.92	491.39	248.92	491.39	248.92	491.39
	机　械　费(元)		150.60	174.83	170.82	197.94	211.27	247.06
组　成　内　容		单位	单价	数　　量				
人工	综合工	工日	135.00	13.69	19.46	15.17	21.23	18.86	25.67
材料	隔热耐火浇注料	m³	—	(1.05)	(1.05)	(1.05)	(1.05)	(1.05)	(1.05)
	木板	m³	1672.03	0.143	0.284	0.143	0.284	0.143	0.284
	水	m³	7.62	0.4	0.4	0.4	0.4	0.4	0.4
	圆钉 $D70$	kg	6.39	1.06	2.11	1.06	2.11	1.06	2.11
机械	叉式起重机 3t	台班	484.07	0.09	0.09	0.09	0.09	0.09	0.09
	涡桨式混凝土搅拌机 350L	台班	288.91	0.27	0.33	0.34	0.41	0.48	0.58
	木工圆锯机 $D500$	台班	26.53	0.27	0.53	0.27	0.53	0.27	0.53
	卷扬机 带40m塔 50kN	台班	242.92	0.09	0.09	0.09	0.09	0.09	0.09

三、密闭式炉壳隔热耐火浇注料

单位：m³

编 号			4-563	4-564	4-565	4-566
项 目			密闭式炉壳隔热耐火浇注料		密闭式炉壳耐火浇注料	
			$\delta > 100$	$\delta \leqslant 100$	$\delta > 100$	$\delta \leqslant 100$
预算基价	总 价(元)		**2762.61**	**3629.87**	**3239.86**	**4177.91**
	人 工 费(元)		2307.15	2953.80	2700.00	3408.75
	材 料 费(元)		179.86	354.99	178.71	353.85
	机 械 费(元)		275.60	321.08	361.15	415.31
组 成 内 容	单位	单价	数 量			
人工 综合工	工日	135.00	17.09	21.88	20.00	25.25
材料 隔热耐火浇注料	m³	—	(1.05)	(1.05)	—	—
耐火浇注料	m³	—	—	—	(1.05)	(1.05)
木板	m³	1672.03	0.102	0.203	0.102	0.203
水	m³	7.62	0.40	0.40	0.25	0.25
圆钉 D70	kg	6.39	0.98	1.96	0.98	1.96
机械 叉式起重机 3t	台班	484.07	0.09	0.09	0.16	0.16
涡桨式混凝土搅拌机 350L	台班	288.91	0.71	0.85	0.83	1.00
木工圆锯机 D500	台班	26.53	0.19	0.38	0.19	0.38
卷扬机 带40m塔 50kN	台班	242.92	0.09	0.09	0.16	0.16

四、耐火捣打料

单位：m³

编 号			4-567	4-568	4-569	4-570	4-571	4-572	4-573	4-574	4-575
项 目			碳素捣打料		镁铬质捣打料	白云石质捣打料	黏土质耐火捣打料	高铝质耐火捣打料	莫来石质耐火捣打料	刚玉质耐火捣打料	碳化硅质耐火捣打料
			热打	冷打							
预算基价	总 价(元)		**3005.17**	**2519.91**	**2531.40**	**2955.59**	**2683.09**	**2903.91**	**3492.53**	**3861.33**	**3627.01**
	人 工 费(元)		2052.00	1686.15	1694.25	2034.45	1795.50	1999.35	2569.05	2928.15	2710.80
	材 料 费(元)		250.56	250.56	250.56	250.56	251.02	251.02	250.56	250.56	250.56
	机 械 费(元)		702.61	583.20	586.59	670.58	636.57	653.54	672.92	682.62	665.65
组 成 内 容	单位	单价	数 量								
人工 综合工	工日	135.00	15.20	12.49	12.55	15.07	13.30	14.81	19.03	21.69	20.08
材料 碳素捣打料	m³	—	(1.06)	(1.08)	—	—	—	—	—	—	—
镁铬质捣打料	m³	—	—	—	(1.08)	—	—	—	—	—	—
白云石质捣打料	m³	—	—	—	—	(1.08)	—	—	—	—	—
黏土质耐火捣打料	m³	—	—	—	—	—	(1.08)	—	—	—	—
高铝质耐火捣打料	m³	—	—	—	—	—	—	(1.08)	—	—	—
莫来石质耐火捣打料	m³	—	—	—	—	—	—	—	(1.08)	—	—
刚玉质耐火捣打料	m³	—	—	—	—	—	—	—	—	(1.08)	—
碳化硅质耐火捣打料	m³	—	—	—	—	—	—	—	—	—	(1.08)
木材 二级红松	m³	3291.40	0.075	0.075	0.075	0.075	0.075	0.075	0.075	0.075	0.075
圆钉 D70	kg	6.39	0.58	0.58	0.58	0.58	0.58	0.58	0.58	0.58	0.58
水	m³	7.62	—	—	—	—	0.06	0.06	—	—	—
机械 叉式起重机 3t	台班	484.07	0.12	0.12	0.12	0.12	0.15	0.17	0.20	0.21	0.19
电动空气压缩机 10m³	台班	375.37	0.98	0.74	0.98	0.98	0.98	0.98	0.98	0.98	0.98
风动凿岩机 手持式	台班	12.25	2.8	1.9	—	—	—	—	—	—	—
离心通风机 335m³	台班	85.70	0.98	0.74	—	0.98	0.98	0.98	0.98	0.98	0.98
箱式加热炉 45kW	台班	121.34	0.46	0.46	0.46	0.46	—	—	—	—	—
颚式破碎机 250×400	台班	304.16	0.23	—	—	—	—	—	—	—	—
木工圆锯机 D500	台班	26.53	0.13	0.13	0.13	0.13	0.13	0.13	0.13	0.13	0.13
卷扬机 带40m塔 50kN	台班	242.92	0.12	0.12	0.12	0.12	0.15	0.18	0.20	0.22	0.19
涡桨式混凝土搅拌机 350L	台班	288.91	—	0.25	0.25	0.25	0.25	0.25	0.25	0.25	0.25

五、捣打耐火可塑料

单位：m³

编　号			4-576	4-577	4-578	4-579
项　目			底墙,直、斜墙	弧形墙	平、斜顶	弧形顶
预算基价	总　价(元)		**3325.73**	**4212.76**	**3923.07**	**4766.04**
	人　工　费(元)		2496.15	3254.85	3007.80	3758.40
	材　料　费(元)		408.60	446.98	435.35	468.52
	机　械　费(元)		420.98	510.93	479.92	539.12
组　成　内　容	单位	单价	数　量			
人工 综合工	工日	135.00	18.49	24.11	22.28	27.84
材料 耐火可塑料	m³	—	(1.08)	(1.08)	(1.08)	(1.08)
塑料浪板 PVC	m²	38.27	1.32	1.32	—	—
木板	m³	1672.03	0.080	0.102	0.104	0.123
高压风管 D13	m	37.42	5.87	5.87	6.21	6.21
圆钉 D70	kg	6.39	0.73	0.98	0.61	0.83
塑料平板 PVC	m²	13.99	—	—	1.8	1.8
机械 叉式起重机 3t	台班	484.07	0.17	0.17	0.17	0.17
电动空气压缩机 10m³	台班	375.37	0.75	0.98	0.90	1.05
风动凿岩机 手持式	台班	12.25	0.75	0.98	0.90	1.05
木工圆锯机 D500	台班	26.53	0.16	0.19	0.19	0.23
卷扬机 带40m塔 50kN	台班	242.92	0.18	0.18	0.18	0.18

六、轻质耐火喷涂料

编　号			4-580	4-581	4-582	4-583	4-584	4-585	4-586	4-587	4-588
项　目			立式圆(弧)形墙,直、斜墙								
			喷涂厚度								
			40	50	60	80	100	120	150	180	220
预算基价	总　价(元)		**2318.25**	**3289.21**	**3529.78**	**4405.35**	**5138.79**	**5902.12**	**7065.43**	**8325.62**	**9943.18**
	人工费(元)		1934.55	2724.30	2852.55	3522.15	4056.75	4590.00	5440.50	6389.55	7595.10
	材料费(元)		87.24	110.32	131.75	176.18	218.99	263.42	329.31	396.93	485.87
	机械费(元)		296.46	454.59	545.48	707.02	863.05	1048.70	1295.62	1539.14	1862.21
组 成 内 容	单位	单价	数　量								
人工 综合工	工日	135.00	14.33	20.18	21.13	26.09	30.05	34.00	40.30	47.33	56.26
材料 轻质耐火喷涂料	m³	—	(0.580)	(0.725)	(0.870)	(1.160)	(1.450)	(1.740)	(2.175)	(2.610)	(3.190)
输料管接头 加工件	kg	12.76	0.20	0.25	0.30	0.40	0.50	0.60	0.75	0.90	1.10
盲板 木板 δ25	m³	1687.83	0.001	0.002	0.002	0.003	0.003	0.004	0.005	0.007	0.009
盲板 钢板 δ2	kg	3.71	1.78	2.23	2.67	3.56	4.45	5.34	6.68	8.03	9.81
水	m³	7.62	1.85	2.31	2.78	3.70	4.63	5.55	6.94	8.33	10.18
高压风管 D50	m	51.92	1.2	1.5	1.8	2.4	3.0	3.6	4.5	5.4	6.6
机械 叉式起重机 3t	台班	484.07	0.04	0.07	0.08	0.11	0.14	0.17	0.21	0.25	0.31
涡桨式混凝土搅拌机 350L	台班	288.91	0.30	0.49	0.59	0.79	0.99	1.18	1.48	1.77	2.17
旋片式喷涂机	台班	89.36	0.30	0.43	0.52	0.65	0.77	0.95	1.16	1.37	1.63
电动空气压缩机 10m³	台班	375.37	0.30	0.43	0.52	0.65	0.77	0.95	1.16	1.37	1.63
电动多级离心清水泵 D50	台班	51.94	0.30	0.49	0.59	0.79	0.99	1.18	1.48	1.77	2.17
离心通风机 335m³	台班	85.70	0.30	0.43	0.52	0.65	0.77	0.95	1.16	1.37	1.63
卷扬机 带40m塔 50kN	台班	242.92	0.04	0.07	0.08	0.11	0.14	0.17	0.21	0.25	0.31

编　号			4-589	4-590	4-591	4-592	4-593	4-594
项　目			管道及炉顶				立式圆形墙外壁	
			喷涂厚度50				喷涂厚度100	
			管道内径>2m	管道内径≤2m	平斜顶	球顶及联络管	外径>6m	外径≤6m
预算基价	总　　　价(元)		**3926.39**	**4545.86**	**4838.83**	**5804.01**	**2833.79**	**3257.71**
	人　工　费(元)		3262.95	3804.30	4052.70	4880.25	2000.70	2335.50
	材　料　费(元)		125.23	125.23	125.23	125.23	142.91	142.91
	机　械　费(元)		538.21	616.33	660.90	798.53	690.18	779.30
组　成　内　容	单位	单价	数　　　量					
人工 综合工	工日	135.00	24.17	28.18	30.02	36.15	14.82	17.30
材料 轻质耐火喷涂料	m³	—	(0.725)	(0.725)	(0.725)	(0.775)	(1.300)	(1.300)
输料管接头 加工件	kg	12.76	0.25	0.25	0.25	0.25	0.25	0.25
盲板 木板 $\delta25$	m³	1687.83	0.004	0.004	0.004	0.004	0.004	0.004
盲板 钢板 $\delta2$	kg	3.71	5.34	5.34	5.34	5.34	5.34	5.34
水	m³	7.62	2.31	2.31	2.31	2.31	4.63	4.63
高压风管 D50	m	51.92	1.5	1.5	1.5	1.5	1.5	1.5
机械 叉式起重机 3t	台班	484.07	0.07	0.07	0.07	0.07	0.12	0.12
涡桨式混凝土搅拌机 350L	台班	288.91	0.59	0.69	0.74	0.95	0.80	0.90
旋片式喷涂机	台班	89.36	0.52	0.60	0.65	0.77	0.60	0.70
电动空气压缩机 10m³	台班	375.37	0.52	0.60	0.65	0.77	0.60	0.70
电动多级离心清水泵 D50	台班	51.94	0.59	0.69	0.74	0.95	0.80	0.90
离心通风机 335m³	台班	85.70	0.52	0.60	0.65	0.77	0.60	0.70
卷扬机 带40m塔 50kN	台班	242.92	0.07	0.07	0.07	0.07	0.12	0.12

七、重质耐火喷涂料

单位：10m²

编　号			4-595	4-596	4-597	4-598	4-599	4-600	4-601	4-602	4-603
项　目			立式圆（弧）形墙，直、斜墙								
			喷涂厚度								
			40	50	60	80	100	120	150	180	220
预算基价	总　　　价（元）		**2516.27**	**3662.83**	**4125.49**	**4923.60**	**5600.06**	**6164.21**	**6974.12**	**9401.18**	**11195.01**
	人　工　费（元）		2037.15	2955.15	3244.05	3821.85	4249.80	4527.90	4943.70	6975.45	8259.30
	材　料　费（元）		100.22	126.42	184.19	202.14	251.70	302.36	378.12	455.08	556.48
	机　械　费（元）		378.90	581.26	697.25	899.61	1098.56	1333.95	1652.30	1970.65	2379.23
组 成 内 容		单位	单价	数　　量							
人工	综合工	工日	135.00	15.09	21.89	24.03	28.31	31.48	33.54	36.62	51.67	61.18
材料	重质耐火喷涂料	m³	—	(0.580)	(0.725)	(0.870)	(1.160)	(1.450)	(1.740)	(2.175)	(2.610)	(3.190)
	输料管接头 加工件	kg	12.76	0.20	0.25	0.30	0.40	0.50	0.60	0.75	0.90	1.10
	盲板 木板 δ25	m³	1687.83	0.001	0.002	0.002	0.003	0.003	0.004	0.005	0.007	0.009
	盲板 钢板 δ2	kg	3.71	1.78	2.23	2.67	3.56	4.45	5.34	6.68	8.03	9.81
	水	m³	7.62	1.85	2.31	2.78	3.70	4.63	5.55	6.94	8.33	10.18
	高压风管 D50	m	51.92	1.45	1.81	2.81	2.90	3.63	4.35	5.44	6.52	7.96
机械	叉式起重机 3t	台班	484.07	0.06	0.10	0.12	0.16	0.20	0.24	0.30	0.36	0.45
	涡桨式混凝土搅拌机 350L	台班	288.91	0.37	0.62	0.74	0.99	1.23	1.48	1.85	2.22	2.71
	旋片式喷涂机	台班	89.36	0.38	0.54	0.65	0.81	0.97	1.19	1.46	1.73	2.05
	电动空气压缩机 10m³	台班	375.37	0.38	0.54	0.65	0.81	0.97	1.19	1.46	1.73	2.05
	电动多级离心清水泵 D50	台班	51.94	0.37	0.62	0.74	0.99	1.23	1.48	1.85	2.22	2.71
	离心通风机 335m³	台班	85.70	0.38	0.54	0.65	0.81	0.97	1.19	1.46	1.73	2.05
	卷扬机 带40m塔 50kN	台班	242.92	0.06	0.10	0.12	0.16	0.20	0.24	0.30	0.36	0.45

编　号			4-604	4-605	4-606	4-607	4-608	4-609
项　目			管道及炉顶				立式圆形墙外壁	
			喷涂厚度50				喷涂厚度100	
			管道内径＞2m	管道内径≤2m	平、斜顶	球顶及联络管	外径＞6m	外径≤6m
预算基价	总　　价(元)		**4315.14**	**5048.39**	**5367.07**	**6447.43**	**3422.25**	**4026.58**
	人工费(元)		3491.10	4122.90	4390.20	5286.60	2334.15	2832.30
	材料费(元)		141.33	141.33	141.33	141.33	159.01	159.01
	机械费(元)		682.71	784.16	835.54	1019.50	929.09	1035.27
组成内容	单位	单价	数　　量					
人工 综合工	工日	135.00	25.86	30.54	32.52	39.16	17.29	20.98
材料 重质耐火喷涂料	m³	—	(0.725)	(0.725)	(0.725)	(0.775)	(1.300)	(1.300)
输料管接头 加工件	kg	12.76	0.25	0.25	0.25	0.25	0.25	0.25
盲板 木板 δ25	m³	1687.83	0.004	0.004	0.004	0.004	0.004	0.004
盲板 钢板 δ2	kg	3.71	5.34	5.34	5.34	5.34	5.34	5.34
水	m³	7.62	2.31	2.31	2.31	2.31	4.63	4.63
高压风管 D50	m	51.92	1.81	1.81	1.81	1.81	1.81	1.81
机械 叉式起重机 3t	台班	484.07	0.10	0.10	0.10	0.11	0.18	0.18
涡桨式混凝土搅拌机 350L	台班	288.91	0.74	0.86	0.93	1.19	1.05	1.20
旋片式喷涂机	台班	89.36	0.65	0.76	0.81	0.97	0.80	0.90
电动空气压缩机 10m³	台班	375.37	0.65	0.76	0.81	0.97	0.80	0.90
电动多级离心清水泵 D50	台班	51.94	0.74	0.86	0.93	1.19	1.05	1.20
离心通风机 335m³	台班	85.70	0.65	0.76	0.81	0.97	0.80	0.90
卷扬机 带40m塔 50kN	台班	242.92	0.10	0.10	0.10	0.11	0.18	0.18

八、耐酸耐火喷涂料

编　号			4-610	4-611	4-612	4-613	4-614	4-615	4-616
项　目			立式圆(弧)形墙,直、斜墙				管道及炉顶		
			喷涂厚度				喷涂厚度50		
			50	60	80	100	管道内径>2m	管道内径≤2m	球顶及联络管
预算基价	总　　　价(元)		**748.44**	**888.97**	**1166.97**	**1424.00**	**4569.20**	**5298.57**	**5808.33**
	人　工　费(元)		—	—	—	—	3704.40	4320.00	4658.85
	材　料　费(元)		125.90	150.44	204.40	250.15	140.81	140.81	140.81
	机　械　费(元)		622.54	738.53	962.57	1173.85	723.99	837.76	1008.67
组　成　内　容	单位	单价	数　　　量						
人工	综合工	工日	135.00	—	—	—	—	27.44	32.00	34.51
材料	耐酸耐火喷涂料	m³	—	(0.725)	(0.870)	(1.160)	(1.450)	(0.725)	(0.725)	(0.775)
	输料管接头 加工件	kg	12.76	0.25	0.30	0.40	0.50	0.25	0.25	0.25
	盲板 木板 δ25	m³	1687.83	0.002	0.002	0.003	0.003	0.004	0.004	0.004
	盲板 钢板 δ2	kg	3.71	2.23	2.67	4.45	4.45	5.34	5.34	5.34
	水	m³	7.62	2.31	2.78	3.70	4.63	2.31	2.31	2.31
	高压风管 D50	m	51.92	1.80	2.16	2.88	3.60	1.80	1.80	1.80
机械	叉式起重机 3t	台班	484.07	0.12	0.14	0.19	0.23	0.12	0.12	0.12
	涡桨式混凝土搅拌机 350L	台班	288.91	0.65	0.77	1.03	1.29	0.77	0.91	1.04
	旋片式喷涂机	台班	89.36	0.57	0.68	0.86	1.03	0.68	0.80	1.03
	电动空气压缩机 10m³	台班	375.37	0.57	0.68	0.86	1.03	0.68	0.80	1.03
	电动多级离心清水泵 D50	台班	51.94	0.65	0.77	1.03	1.29	0.77	0.91	1.04
	离心通风机 335m³	台班	85.70	0.57	0.68	0.86	1.03	0.68	0.80	1.03
	卷扬机 带40m塔 50kN	台班	242.92	0.12	0.14	0.19	0.23	0.12	0.12	0.12

九、纤维耐火喷涂料

单位：10m²

编　号				4-617	4-618	4-619	4-620	4-621	4-622	4-623
项　　目				圆（弧）形墙				管道及炉顶		
				喷涂厚度				喷涂厚度50		
				50	60	80	100	管道内径＞2m	管道内径≤2m	球顶及联络管
预算基价	总　　价(元)			**3319.24**	**3744.51**	**4584.04**	**5303.56**	**3939.12**	**4543.25**	**4849.48**
	人　工　费(元)			2442.15	2686.50	3176.55	3543.75	2928.15	3415.50	3658.50
	材　料　费(元)			275.62	330.30	440.28	549.59	290.53	290.53	290.53
	机　械　费(元)			601.47	727.71	967.21	1210.22	720.44	837.22	900.45
组　成　内　容		单位	单价	数　　　量						
人工	综合工	工日	135.00	18.09	19.90	23.53	26.25	21.69	25.30	27.10
材料	纤维耐火喷涂料	m³	—	(0.650)	(0.780)	(1.040)	(1.300)	(0.700)	(0.700)	(0.725)
	输料管接头 加工件	kg	12.76	0.25	0.30	0.40	0.50	0.25	0.25	0.25
	盲板 木板 δ25	m³	1687.83	0.002	0.002	0.003	0.003	0.004	0.004	0.004
	盲板 钢板 δ2	kg	3.71	2.23	2.67	3.56	4.45	5.34	5.34	5.34
	混合液	kg	0.95	174	209	278	348	174	174	174
	水	m³	7.62	2.31	2.78	3.70	4.63	2.31	2.31	2.31
	高压风管 D50	m	51.92	1.5	1.8	2.4	3.0	1.5	1.5	1.5
机械	叉式起重机 3t	台班	484.07	0.01	0.02	0.02	0.03	0.01	0.01	0.01
	纤维喷涂机	台班	81.83	0.98	1.18	1.57	1.96	1.18	1.37	1.47
	电动空气压缩机 10m³	台班	375.37	1.01	1.21	1.62	2.02	1.21	1.41	1.52
	电动多级离心清水泵 D50	台班	51.94	0.98	1.18	1.57	1.96	1.18	1.37	1.47
	离心通风机 335m³	台班	85.70	0.98	1.18	1.57	1.96	1.18	1.37	1.47
	卷扬机 带40m塔 50kN	台班	242.92	0.01	0.02	0.02	0.03	0.01	0.01	0.01

147

十、人工涂抹不定形耐火材料

单位：10m²

编　　号			4-624	4-625	4-626	4-627
项　　目			轻质		重质	
			涂抹厚度(mm)			
			20	50	20	50
预算基价	总　　价(元)		**792.36**	**2006.83**	**997.34**	**2498.38**
	人　工　费(元)		739.80	1852.20	931.50	2328.75
	材　料　费(元)		0.46	1.22	0.69	1.68
	机　械　费(元)		52.10	153.41	65.15	167.95
组　成　内　容	单位	单价	数　　　　量			
人工　综合工	工日	135.00	5.48	13.72	6.90	17.25
材料　轻质不定型耐火材料	m³	—	(0.24)	(0.60)	—	—
重质不定型耐火材料	m³	—	—	—	(0.24)	(0.60)
水	m³	7.62	0.06	0.16	0.09	0.22
机械　叉式起重机 3t	台班	484.07	0.02	0.06	0.03	0.08
涡浆式混凝土搅拌机 350L	台班	288.91	0.13	0.38	0.15	0.38
卷扬机 带40m塔 50kN	台班	242.92	0.02	0.06	0.03	0.08

十一、现场预制耐火（隔热）浇注料制品

单位：m³

编　号			4-628	4-629	4-630	4-631	4-632	4-633	4-634	4-635	4-636	4-637
项　目			单件质量25kg以内					单件质量50kg以内				
			隔热制品	黏土质制品	高铝质制品	镁质制品	刚玉质制品	隔热制品	黏土质制品	高铝质制品	镁质制品	刚玉质制品
预算基价	总　　价(元)		**1740.17**	**1985.44**	**2216.27**	**2336.85**	**2479.47**	**1476.57**	**1685.21**	**1876.70**	**1968.73**	**2085.52**
	人　工　费(元)		1360.80	1593.00	1803.60	1914.30	2026.35	1120.50	1318.95	1493.10	1578.15	1667.25
	材　料　费(元)		287.39	286.02	286.02	284.35	286.02	226.44	225.07	225.07	223.39	225.07
	机　械　费(元)		91.98	106.42	126.65	138.20	167.10	129.63	141.19	158.53	167.19	193.20
组　成　内　容		单位	单价	数　　量									
人工	综合工	工日	135.00	10.08	11.80	13.36	14.18	15.01	8.30	9.77	11.06	11.69	12.35
材料	隔热耐火浇注料	m³	—	(1.03)	—	—	—	—	(1.03)	—	—	—	—
	黏土质耐火浇注料	t	—	—	(1.03)	—	—	—	—	(1.03)	—	—	—
	高铝质耐火浇注料	m³	—	—	—	(1.03)	—	—	—	—	(1.03)	—	—
	镁铬质耐火浇注料	m³	—	—	—	—	(1.03)	—	—	—	—	(1.03)	—
	刚玉质耐火浇注料	m³	—	—	—	—	—	(1.03)	—	—	—	—	(1.03)
	螺栓 M16	kg	8.72	11.68	11.68	11.68	11.68	11.68	5.84	5.84	5.84	5.84	5.84
	木板	m³	1672.03	0.108	0.108	0.108	0.108	0.108	0.102	0.102	0.102	0.102	0.102
	水	m³	7.62	0.40	0.22	0.22	—	0.22	0.40	0.22	0.22	—	0.22
	圆钉 D70	kg	6.39	0.3	0.3	0.3	0.3	0.3	0.3	0.3	0.3	0.3	0.3
机械	涡浆式混凝土搅拌机 350L	台班	288.91	0.30	0.35	0.42	0.46	0.56	0.26	0.30	0.36	0.39	0.48
	木工圆锯机 D500	台班	26.53	0.20	0.20	0.20	0.20	0.20	0.19	0.19	0.19	0.19	0.19
	少先吊 1t	台班	197.91	—	—	—	—	—	0.25	0.25	0.25	0.25	0.25

编　号				4-638	4-639	4-640	4-641
项　目				单件质量50kg以上			
				黏土质制品	高铝质制品	镁质制品	刚玉质制品
预算基价	总　价(元)			**1340.80**	**1492.94**	**1576.88**	**1673.03**
	人工费(元)			1066.50	1204.20	1281.15	1355.40
	材料费(元)			149.94	149.94	148.26	149.94
	机械费(元)			124.36	138.80	147.47	167.69
组成内容		单位	单价	数　量			
人工	综合工	工日	135.00	7.90	8.92	9.49	10.04
材料	黏土质耐火浇注料	t	—	(1.03)	—	—	—
	高铝质耐火浇注料	m³	—	—	(1.03)	—	—
	镁铬质耐火浇注料	m³	—	—	—	(1.03)	—
	刚玉质耐火浇注料	m³	—	—	—	—	(1.03)
	螺栓 M16	kg	8.72	6.62	6.62	6.62	6.62
	木板	m³	1672.03	0.053	0.053	0.053	0.053
	水	m³	7.62	0.22	0.22	—	0.22
	圆钉 D70	kg	6.39	0.3	0.3	0.3	0.3
机械	少先吊 1t	台班	197.91	0.25	0.25	0.25	0.25
	涡桨式混凝土搅拌机 350L	台班	288.91	0.25	0.30	0.33	0.40
	木工圆锯机 D500	台班	26.53	0.10	0.10	0.10	0.10

十二、耐火浇注预制块安装

编　号			4-642	4-643	4-644	4-645	4-646	4-647
项　目			黏土质制品		高铝质制品		镁质制品	刚玉质制品
			普通泥浆	高强泥浆	普通泥浆	高强泥浆		
预算基价	总　价（元）		**675.94**	**1178.62**	**796.06**	**1252.35**	**757.79**	**1455.49**
	人　工　费（元）		480.60	535.95	537.30	602.10	517.05	789.75
	材　料　费（元）		66.86	507.93	122.70	507.93	126.00	507.93
	机　械　费（元）		128.48	134.74	136.06	142.32	114.74	157.81
组　成　内　容		单位	单价	数　　量				
人工	综合工	工日	135.00	3.56	3.97	3.98	4.46	3.83	5.85
材料	黏土质耐火浇注料预制块	m³	—	（0.982）	（0.971）	—	—	—	—
	高铝质耐火浇注料预制块	m³	—	—	—	（0.982）	（0.971）	—	—
	镁质耐火浇注料预制块	m³	—	—	—	—	—	（0.989）	—
	刚玉质耐火浇注料预制块	m³	—	—	—	—	—	—	（0.971）
	黏土质耐火泥 NF-40细粒	kg	0.52	128	—	—	—	—	—
	水	m³	7.62	0.04	0.03	0.04	0.03		0.03
	高强泥浆	kg	2.47	—	136	—	136	—	136
	添加剂	kg	12.27	—	14	—	14	—	14
	高铝质火泥 LF-70细粒	kg	0.80	—	—	153	—	—	—
	镁质火泥 MF-82	kg	2.10	—	—	—	—	60	—
机械	叉式起重机 3t	台班	484.07	0.13	0.13	0.14	0.14	0.15	0.16
	灰浆搅拌机 200L	台班	208.76	0.14	0.17	0.14	0.17	—	0.17
	电动葫芦 单速 2t	台班	31.60	0.15	0.15	0.16	0.16	0.18	0.19
	卷扬机 带40m塔 50kN	台班	242.92	0.13	0.13	0.14	0.14	0.15	0.16

第八章　辅　助　项　目

说　　明

一、本章适用范围：组成工程实体的其他炉窑砌筑工程项目。

二、本章基价各子目包括的工作内容：抹灰、涂抹、涂料、填料、灌浆、铺贴高温（隔热）板（毡）、缠石棉绳、支拆模板、拱胎、预砌筑、选砖和集中砖加工等。

三、预砌筑场地需要铺砖、抹灰、找平时，应执行砌红砖底和抹灰子目。

四、预砌筑子目（除焦炉外）是按干砌条件编制的，如要求湿砌时，每立方米砌体增加耐火泥 180kg、水 0.08m³；如用卤水时，加 56kg 卤水块。

五、本章基价内预砌筑、选砖和集中砖加工，仅适用于第六章"一般工业炉窑"。执行时可按现行国家标准《工业炉砌筑工程施工及验收规范》GB 50211-2014 有关规定或设计要求计算工程量。

六、凡施工中对合门砖、错缝砖、槎子砖、拱顶锁砖等进行的磨砖、切砖均属临时加工，在各相应子目的工作内容中已包括，不得执行本章基价集中砖加工子目。

工程量计算规则

一、抹灰：依据抹灰材料、部位按设计图示尺寸以面积计算。

二、抹料涂抹：依据涂抹材料按设计图示尺寸以面积计算。

三、填料充填：按设计图示尺寸以体积计算。

四、灌浆：依据灌浆材料按设计图示尺寸以体积计算。

五、贴挂高温(隔热)板(毡)：依据贴挂材料、部位及厚度按设计图示尺寸以面积计算。

六、缠石棉绳：依据石棉绳直径按设计图示尺寸以长度计算。

七、叠砌耐火纤维模块：依据供货状态(成品或半成品)、连接方法按设计图示尺寸以体积计算。

八、炉窑金具件制作、安装：依据材质按设计图示尺寸以质量计算。

九、除另有说明外,工程量计算时不扣除下列情况构成的体积：

1. 25mm 以内的膨胀缝所占体积。

2. 断面积小于 $0.02m^2$ 的孔洞。

3. 断面积小于 $0.06m^2$、长度(或深度)不超过 1m 的孔洞。

4. 炉门喇叭口的斜坡。

5. 墙根交叉处的小斜坡。

十、模板：依据名称按设计图示尺寸以质量计算。

十一、拱胎：依据形状按设计图示尺寸以面积计算。

十二、预砌筑：依据部位按设计图示尺寸以体积计算。

1. 球形顶：除有设计注明者外,一般按质量的 25% 计算。

　注：本条亦适用于反拱底结构。

2. 弧形顶：除有设计注明者外,一般按工作面砖层预砌筑四环。

　注：本条亦适用于吊挂炉顶。

3. 烧嘴砖：全部预砌筑、手工研磨。一般不考虑机械磨切。

4. 圆弧形孔洞(包括人孔、原料进口、成品出口、检修孔、废料出口等)工作面砖按总量的 50% 预砌筑。

5. 格子砖：除设计注明者外,一般考虑预砌筑二层,如格孔变化可以叠增,仍允许按二层考虑。

十三、组合砖预组装和选砖：依据名称按设计图示尺寸以质量计算。凡属要求达到特类、Ⅰ类和Ⅱ类砌体的项目全部选砖、Ⅲ类以下砌体,除施工验收规范上有特殊要求并注明者外(如焦炉),一律不选砖。

十四、机械集中磨砖：依据材料名称、所磨部位按设计图示尺寸以质量计算。

特类砌体：允许100％全部六面磨砖；

Ⅰ类砌体：允许不超过砌筑用量的25％六面磨砖；

Ⅱ类砌体：允许不超过砌筑用量的15％四面磨砖。

　注：磨砖面积折算面积为：两大面占50％、两小面占30％、两小头占20％。

十五、机械集中切砖：依据材料名称、切割方式按设计图示尺寸以质量计算。

机械集中切砖的总比例，应控制不超过总砌体用量的10％。计算机械切砖必须具备以下条件：

1.设计上有要求。

2.设计配砖与砌体造型有矛盾。

一、抹灰、涂抹料涂抹

编　号			4-648	4-649	4-650	4-651	4-652	4-653
项　目			耐火泥加水泥抹灰（厚度20）		石棉水泥硅藻土抹灰（厚度20）		石棉沥青膏	涂料（厚度5）
			水平面	垂直面	水平面	垂直面		
预算基价	总　　价(元)		**377.80**	**354.33**	**246.46**	**285.61**	**709.27**	**165.32**
	人　工　费(元)		271.35	310.50	198.45	237.60	549.45	144.45
	材　料　费(元)		—	—	—	—	143.12	—
	机　械　费(元)		106.45	43.83	48.01	48.01	16.70	20.87
组 成 内 容	单位	单价	数　　量					
人工 综合工	工日	135.00	2.01	2.30	1.47	1.76	4.07	1.07
材料 抹灰料	m²	—	(11.0)	(11.5)	(11.0)	(11.5)	(10.5)	—
涂抹料	m²	—	—	—	—	—	—	(12)
镀锌钢丝网 20×20×1.6	m²	13.63	—	—	—	—	10.5	—
机械 载货汽车 4t	台班	417.41	0.17	0.07	0.04	0.04	0.04	0.02
灰浆搅拌机 200L	台班	208.76	0.17	0.07	0.15	0.15	—	0.06

158

二、填料、灌浆

编　　号			4-654	4-655	4-656	4-657	4-658	4-659	4-660	4-661
项　　目			填硅藻土隔热碎块 （m³）	干填料 （m³）	湿填料 （m³）	铁屑填料 （m³）	填耐火纤维棉 （m³）	灌浆 （m³）	压注无水泥浆 （m³）	压注炭胶 （10m²）
预算基价	总　　价（元）		**507.24**	**362.56**	**635.06**	**4628.33**	**2182.73**	**1107.24**	**1551.08**	**2043.52**
	人　工　费（元）		360.45	291.60	480.60	4355.10	2099.25	946.35	1285.20	1552.50
	材　料　费（元）		—	—	—	—	—	—	38.94	244.90
	机　械　费（元）		146.79	70.96	154.46	273.23	83.48	160.89	226.94	246.12
组成内容	单位	单价	数　　　量							
人工 综合工	工日	135.00	2.67	2.16	3.56	32.26	15.55	7.01	9.52	11.50
材料 硅藻土隔热碎块	m³	—	(1.15)	—	—	—	—	—	—	—
干填料	m³	—	—	(1.1)	—	—	—	—	—	—
湿填料	m³	—	—	—	(1.1)	—	—	—	—	—
铁屑填料	m³	—	—	—	—	(1.08)	—	—	—	—
耐火纤维棉	m³	—	—	—	—	—	(1.05)	—	—	—
灌浆	m³	—	—	—	—	—	—	(1.08)	—	—
无水泥浆	m³	—	—	—	—	—	—	—	(1.1)	—
炭胶	m³	—	—	—	—	—	—	—	—	(1.1)
高压风管 D50	m	51.92	—	—	—	—	—	—	0.75	0.75
冷拔无缝钢管 D50	t	4246.38	—	—	—	—	—	—	—	0.0085
管接头	kg	9.72	—	—	—	—	—	—	—	5.1
压盖 D50	kg	5.64	—	—	—	—	—	—	—	15.4
木板	m³	1672.03	—	—	—	—	—	—	—	0.02
机械 载货汽车 4t	台班	417.41	0.14	0.17	0.21	0.40	0.20	0.21	0.20	0.20
筛砂机	台班	220.87	0.4	—	—	—	—	—	—	—
灰浆搅拌机 200L	台班	208.76	—	—	0.32	—	—	0.29	0.50	0.50
离心通风机 335m³	台班	85.70	—	—	—	1.24	—	—	—	—
泥浆泵 D50	台班	43.76	—	—	—	—	—	0.29	—	—
柱塞压浆泵	台班	78.15	—	—	—	—	—	—	0.5	—
压炭胶机	台班	149.99	—	—	—	—	—	—	—	0.3
鼓风机 18m³	台班	41.24	—	—	—	—	—	—	—	0.3
吸尘器	台班	2.97	—	—	—	—	—	—	—	0.3

三、贴挂耐高温(隔热)板(毡)

编　号			4-662	4-663	4-664
项　目			贴挂耐高温(隔热)板(毡)单层		
			平、立面	圆弧面	梁、柱包扎
预算基价	总　价(元)		**256.75**	**263.50**	**554.43**
	人　工　费(元)		248.40	255.15	542.70
	材　料　费(元)		—	—	3.38
	机　械　费(元)		8.35	8.35	8.35
组　成　内　容	单位	单价	数　　量		
人工	综合工	工日	135.00	1.84	1.89	4.02
材料	耐高温(隔热)板(毡)	m²	—	(10.5)	(10.5)	(10.5)
	胶粘剂	kg	—	(23)	(23)	(23)
	镀锌钢丝 D1.2	kg	7.20	—	—	0.47
机械	载货汽车 4t	台班	417.41	0.02	0.02	0.02

四、铺 石 棉 板

编　号			4-665	4-666	4-667	4-668
项　　目			厚度			
			5	10	15	20
预算基价	总　　价(元)		**73.96**	**79.36**	**111.89**	**140.24**
	人　工　费(元)		49.95	55.35	83.70	112.05
	材　料　费(元)		17.75	17.75	17.75	17.75
	机　械　费(元)		6.26	6.26	10.44	10.44
组 成 内 容		单位	单价	数　　量		
人工	综合工	工日	135.00	0.37	0.41	0.62	0.83
材料	胶粘剂	kg	—	(23)	(23)	(23)	(23)
	石棉板	m²	—	(10.5)	(10.5)	(10.5)	(10.5)
	高铝熟料粉	kg	0.71	25	25	25	25
机械	载货汽车 4t	台班	417.41	0.01	0.01	0.02	0.02
	灰浆搅拌机 200L	台班	208.76	0.01	0.01	0.01	0.01

五、缠 石 棉 绳

编　　号			4-669	4-670	4-671
项　　目			$D10$	$D11\sim25$	$D>25$
预算基价	总　　价(元)		**25.65**	**25.65**	**25.65**
	人 工 费(元)		25.65	25.65	25.65
组 成 内 容	单位	单价	数　　量		
人工 综合工	工日	135.00	0.19	0.19	0.19
材料 石棉编绳	m	—	(10.2)	(10.2)	(10.2)

六、模板和拱胎

编 号			4-672	4-673	4-674	4-675
项 目			步进梁用异型钢模		拱胎	
			制作 （t）	安装拆除 （t）	弧形 （10m²）	球形 （10m²）
预算基价	总 价(元)		**11737.96**	**7571.16**	**1483.88**	**2127.64**
	人 工 费(元)		9359.55	5439.15	931.50	1426.95
	材 料 费(元)		729.04	1345.66	529.09	669.75
	机 械 费(元)		1649.37	786.35	23.29	30.94
组 成 内 容	单位	单价	数 量			
人工 综合工	工日	135.00	69.33	40.29	6.90	10.57
材料 钢板 δ2～3	t	—	(0.800)	—	—	—
角钢 40～50	t	—	(0.103)	—	—	—
槽钢 8#	t	—	(0.160)	—	—	—
热轧一般无缝钢管（综合）	t	4558.50	0.077	—	—	—
电焊条 E4303 D3.2	kg	7.59	30.73	15.48	—	—
氧气	m³	2.88	14.34	5.09	—	—
乙炔气	kg	14.66	7.06	1.96	—	—
木板	m³	1672.03	—	0.200	0.300	0.380
螺杆	kg	8.42	—	13	—	—
螺帽	个	0.24	—	2000	—	—
圆钉 D70	kg	6.39	—	7.00	4.30	5.38
卡扣	kg	12.01	—	18	—	—
机械 载货汽车 4t	台班	417.41	1.00	—	—	—
剪板机 13×2500	台班	283.48	0.76	—	—	—
卷板机 20×2500	台班	273.51	0.87	1.25	—	—
立式钻床 D25	台班	6.78	0.25	—	0.07	0.09
直流弧焊机 20kW	台班	75.06	10.35	5.78	—	—
木工圆锯机 D500	台班	26.53	—	0.40	0.55	0.70
木工平刨床 D500	台班	23.51	—	—	0.35	0.50

七、预砌筑、选砖

编 号			4-676	4-677	4-678	4-679	4-680	4-681
项 目			预砌筑				组合砖预组装	选砖
			球形顶 （m³）	反拱底 （m³）	炉顶 （m³）	格子砖 （t）	（t）	（t）
预 算 基 价	总　　价(元)		**1442.49**	**847.02**	**848.30**	**488.22**	**1198.63**	**97.20**
	人　工　费(元)		1325.70	731.70	791.10	459.00	1115.10	97.20
	材　料　费(元)		62.53	61.06	2.94	—	33.44	—
	机　械　费(元)		54.26	54.26	54.26	29.22	50.09	—
组 成 内 容	单位	单价	数　　量					
人工　综合工	工日	135.00	9.82	5.42	5.86	3.40	8.26	0.72
材料　耐火砖	t	—	(0.010)	(0.010)	(0.010)	(0.005)	(0.005)	—
木板	m³	1672.03	0.033	0.033	—	—	0.020	—
黄板纸	m²	1.47	5	4	2	—	—	—
机械　载货汽车 4t	台班	417.41	0.13	0.13	0.13	0.07	0.12	—

164

八、机械集中磨砖

单位：t

编　号			4-682	4-683	4-684	4-685	4-686	4-687
项　目			机械集中磨黏土质耐火砖、硅砖			机械集中磨高铝砖、镁砖		
			（公差：1mm）					
			二面	四面	六面	二面	四面	六面
预算基价	总　价(元)		**205.58**	**322.07**	**406.97**	**379.93**	**563.57**	**759.01**
	人　工　费(元)		172.80	271.35	342.90	311.85	463.05	623.70
	材　料　费(元)		15.39	24.07	30.38	36.83	54.72	73.66
	机　械　费(元)		17.39	26.65	33.69	31.25	45.80	61.65
组　成　内　容	单位	单价	数　量					
人工 综合工	工日	135.00	1.28	2.01	2.54	2.31	3.43	4.62
材料 碳化硅砂轮 $D290×185$	个	131.53	0.117	0.183	0.231	0.280	0.416	0.560
机械 磨砖机 4kW	台班	22.61	0.39	0.61	0.77	0.70	1.04	1.40
离心通风机 $335m^3$	台班	85.70	0.10	0.15	0.19	0.18	0.26	0.35

九、机械集中切砖

编　号			4-688	4-689	4-690	4-691	4-692	4-693	4-694
项　目			红砖			隔热耐火砖	镁砖		
			直切	斜切	切二面		直切	斜切	切二面
预算基价	总　　　价（元）		**41.68**	**65.94**	**85.36**	**196.15**	**719.58**	**1013.24**	**1519.02**
	人　工　费（元）		29.70	47.25	62.10	122.85	449.55	633.15	947.70
	材　料　费（元）		4.71	7.46	9.03	15.12	177.94	251.00	377.09
	机　械　费（元）		7.27	11.23	14.23	58.18	92.09	129.09	194.23
组 成 内 容	单位	单价	数　　　量						
人工	综合工	工日	135.00	0.22	0.35	0.46	0.91	3.33	4.69	7.02
材料	红砖	千块	—	(0.015)	(0.015)	(0.015)	—	—	—	—
	隔热耐火砖	t	—	—	—	—	(0.15)	—	—	—
	耐火砖	t	—	—	—	—	—	(0.150)	(0.150)	(0.150)
	碳化硅砂轮片 $D400×25×(3～4)$	片	19.64	0.24	0.38	0.46	0.77	9.06	12.78	19.20
机械	离心通风机 $335m^3$	台班	85.70	0.04	0.06	0.08	0.32	0.51	0.71	1.07
	切砖机 5.5kW	台班	32.04	0.12	0.19	0.23	0.96	1.51	2.13	3.20

编　号			4-695	4-696	4-697	4-698	4-699	4-700	4-701
项　目			端面直、斜形切砖						
			黏土质耐火砖	高铝砖	硅砖	碳化硅砖	莫来石砖	硅线石砖	刚玉砖
预算基价	总　　　价(元)		**531.18**	**706.89**	**491.61**	**854.52**	**1137.89**	**1022.77**	**2347.18**
	人　工　费(元)		461.70	573.75	429.30	714.15	949.05	853.20	1260.90
	材　料　费(元)		9.48	16.45	9.26	2.19	3.06	2.62	836.87
	机　械　费(元)		60.00	116.69	53.05	138.18	185.78	166.95	249.41
组　成　内　容	单位	单价	数　　量						
人工	综合工	工日	135.00	3.42	4.25	3.18	5.29	7.03	6.32	9.34
材料	耐火砖	t	—	(0.100)	(0.100)	(0.100)	(0.100)	(0.100)	(0.100)	(0.100)
	水	m³	7.62	1.1	1.9	1.1	—	—	—	—
	金刚石砂轮片 D400	片	21.86	0.05	0.09	0.04	0.10	0.14	0.12	0.20
	冷却液	kg	6.66	—	—	—	—	—	—	125.00
机械	离心通风机 335m³	台班	85.70	0.33	0.64	0.29	0.76	1.02	0.92	1.37
	切砖机 5.5kW	台班	32.04	0.99	1.93	0.88	2.28	3.07	2.75	4.12

编　号			4-702	4-703	4-704	4-705	4-706	4-707	4-708
项　目			大面直、斜形切砖						
			黏土质耐火砖	高铝砖	硅砖	碳化硅砖	莫来石砖	硅线石砖	刚玉砖
预算基价	总　　价(元)		**685.81**	**1308.05**	**615.99**	**1508.27**	**2017.51**	**1812.10**	**4592.04**
	人　工　费(元)		561.60	1069.20	503.55	1256.85	1678.05	1507.95	2239.65
	材　料　费(元)		16.62	29.12	16.40	3.50	4.59	4.15	1716.50
	机　械　费(元)		107.59	209.73	96.04	247.92	334.87	300.00	635.89
组　成　内　容	单位	单价	数　　量						
人工 综合工	工日	135.00	4.16	7.92	3.73	9.31	12.43	11.17	16.59
材料 耐火砖	t	—	(0.1)	(0.1)	(0.1)	(0.1)	(0.1)	(0.1)	(0.1)
水	m³	7.62	1.98	3.42	1.98	—	—	—	225.00
金刚石砂轮片 D400	片	21.86	0.07	0.14	0.06	0.16	0.21	0.19	—
冷却液	kg	6.66	—	—	—	—	—	—	0.30
机械 切砖机 5.5kW	台班	32.04	1.78	3.47	1.58	4.10	5.53	4.95	—
离心通风机 335m³	台班	85.70	0.59	1.15	0.53	1.36	1.84	1.65	7.42

编　号			4-709	4-710	4-711	4-712	4-713	4-714	4-715	4-716	4-717	4-718
项　目			端面箭头形二面切							手工加工砖		
			黏土质耐火砖	高铝砖	硅砖	碳化硅砖	莫来石砖	硅线石砖	刚玉砖	隔热耐火砖	黏土质耐火砖、硅砖	高铝砖
预算基价	总　　价(元)		**759.51**	**1449.56**	**679.24**	**1672.15**	**2237.10**	**2008.94**	**4654.83**	**322.65**	**426.60**	**776.25**
	人　工　费(元)		621.00	1183.95	554.85	1391.85	1860.30	1671.30	2484.00	322.65	426.60	776.25
	材　料　费(元)		18.51	32.24	18.29	3.93	5.25	4.59	1672.00	—	—	—
	机　械　费(元)		120.00	233.37	106.10	276.37	371.55	333.05	498.83	—	—	—
组　成　内　容	单位	单价	数　　量									
人工	综合工	工日	135.00	4.60	8.77	4.11	10.31	13.78	12.38	18.40	2.39	3.16	5.75
材料	耐火砖	t	—	(0.10)	(0.10)	(0.10)	(0.10)	(0.10)	(0.10)	(0.10)	—	(0.15)	(0.15)
	隔热耐火砖	t	—	—	—	—	—	—	—	—	(0.15)	—	—
	水	m³	7.62	2.2	3.8	2.2	—	—	—	—	—	—	—
	金刚石砂轮片 D400	片	21.86	0.08	0.15	0.07	0.18	0.24	0.21	0.32	—	—	—
	冷却液	kg	6.66	—	—	—	—	—	—	250	—	—	—
机械	切砖机 5.5kW	台班	32.04	1.98	3.86	1.76	4.56	6.14	5.50	8.24	—	—	—
	离心通风机 335m³	台班	85.70	0.66	1.28	0.58	1.52	2.04	1.83	2.74	—	—	—

十、叠砌耐火纤维模块

单位：m³

编　号				4-719	4-720	4-721	4-722
项　目				半成品		成品	
				粘贴	锚固	粘贴	锚固
预算基价	总　　价(元)			**2410.75**	**1706.54**	**2302.75**	**1571.54**
	人　工　费(元)			1710.45	1656.45	1602.45	1521.45
	材　料　费(元)			650.21	—	650.21	—
	机　械　费(元)			50.09	50.09	50.09	50.09
组　成　内　容		单位	单价	数　　　量			
人工	综合工	工日	135.00	12.67	12.27	11.87	11.27
材料	耐火纤维毡	m³	—	(1.3)	(1.3)	—	—
	耐火纤维模块	m³	—	—	—	(1.05)	(1.05)
	胶粘剂 1#	kg	28.27	23	—	23	—
机械	载货汽车 4t	台班	417.41	0.12	0.12	0.12	0.12

170

十一、其　他

编　号				4-723	4-724	4-725	4-726	4-727	4-728
项　目				铺聚乙烯薄膜（10m²）	绑扎链环钢筋网（10m²）	焊接链环钢筋网（10m²）	绑扎钢丝网（10m²）	可塑料表面修整（10m²）	锚固钉缠纸（100个）
预算基价	总　价(元)			**223.81**	**634.03**	**922.29**	**164.70**	**1201.50**	**139.27**
	人　工　费(元)			180.90	507.60	901.80	164.70	1201.50	133.65
	材　料　费(元)			38.74	28.01	12.14	—	—	5.62
	机　械　费(元)			4.17	98.42	8.35	—	—	—
组 成 内 容		单位	单价	数　量					
人工	综合工	工日	135.00	1.34	3.76	6.68	1.22	8.90	0.99
材料	链环钢筋网	m²	—	—	(10.5)	(10.5)	—	—	—
	镀锌钢丝网 20×20×1.6	m²	—	—	—	—	(10.5)	—	—
	聚乙烯薄膜	m²	2.98	13	—	—	—	—	—
	不锈钢丝	kg	28.01	—	1	—	—	—	—
	电焊条 E4303 D3.2	kg	7.59	—	—	1.6	—	—	—
	黑胶布 20mm×20m	卷	2.74	—	—	—	—	—	2.05
机械	载货汽车 4t	台班	417.41	0.01	0.02	0.02	—	—	—
	直流弧焊机 20kW	台班	75.06	—	1.2	—	—	—	—

附　录

附录一 材料价格

说 明

一、本附录材料价格为不含税价格,是确定预算基价子目中材料费的基期价格。

二、材料价格由材料采购价、运杂费、运输损耗费和采购及保管费组成。计算公式如下:

采购价为供货地点交货价格:

$$材料价格=(采购价+运杂费)×(1+运输损耗率)×(1+采购及保管费费率)$$

采购价为施工现场交货价格:

$$材料价格=采购价×(1+采购及保管费费率)$$

三、运杂费指材料由供货地点运至工地仓库(或现场指定堆放地点)所发生的全部费用。运输损耗指材料在运输装卸过程中不可避免的损耗,材料损耗率如下表:

材料损耗率表

材 料 类 别	损 耗 率
页岩标砖、空心砖、砂、水泥、陶粒、耐火土、水泥地面砖、白瓷砖、卫生洁具、玻璃灯罩	1.0%
机制瓦、脊瓦、水泥瓦	3.0%
石棉瓦、石子、黄土、耐火砖、玻璃、色石子、大理石板、水磨石板、混凝土管、缸瓦管	0.5%
砌块、白灰	1.5%

注:表中未列的材料类别,不计损耗。

四、采购及保管费是指为组织采购、供应和保管材料、工程设备的过程中所需要的各项费用。采购及保管费费率按0.42%计取。

五、附录中材料价格是编制期天津市建筑材料市场综合取定的施工现场交货价格,并考虑了采购及保管费。

六、采用简易计税方法计取增值税时,材料的含税价格按照税务部门有关规定计算,以"元"为单位的材料费按系数1.1086调整。

材料价格表

序号	材 料 名 称	规 格	单 位	单 价（元）
1	硅酸盐水泥	42.5级	kg	0.41
2	钒土水泥	32.5级	kg	1.40
3	高铝水泥	42.5级	kg	1.65
4	页岩标砖	240×115×53	千块	513.60
5	石灰石统料	—	t	25.74
6	黏土生料粉	—	kg	0.23
7	黏土熟料粉	—	kg	0.67
8	刚玉火泥	—	kg	2.78
9	镁质火泥	MF-82	kg	2.10
10	硅质火泥	GF-90不分粒度	kg	0.77
11	堇青质火泥	—	kg	1.03
12	高铝质火泥	LF-70细粒	kg	0.80
13	硅线石火泥	—	kg	1.75
14	黏土质耐火泥	NF-40细粒	kg	0.52
15	铝碳化硅火泥	—	kg	2.18
16	石棉板	$\delta 10$	kg	9.56
17	石棉绒	（综合）	kg	12.32
18	石棉粉	温石棉	kg	2.14
19	刚玉粉	GB180-80	kg	5.19
20	刚玉砂	GB360-80	kg	9.73
21	铁矾土	—	kg	0.87
22	硅酸铝耐火纤维毡	—	kg	23.80
23	辉绿岩粉	—	kg	0.65
24	高铝生料粉	—	kg	0.61
25	高铝熟料粉	—	kg	0.71
26	硅藻土粉	熟料 120目	kg	1.06
27	石英砂	—	kg	0.28

序号	材料名称	规格	单位	单价（元）
28	水泥砂浆	1:1	m³	412.53
29	玄武岩砂浆	—	kg	7.52
30	高强泥浆	—	kg	2.47
31	湿拌砌筑砂浆	M5.0	m³	330.94
32	木板		m³	1672.03
33	木材	二级红松	m³	3291.40
34	盲板	木板δ25	m³	1687.83
35	铁件	含制作费	kg	9.49
36	压盖	D50	kg	5.64
37	镀锌钢丝	D1.2	kg	7.20
38	圆钢	D5.5～9.0	t	3896.14
39	热轧角钢	40～50	t	3752.16
40	热轧槽钢	8#	t	3621.57
41	型钢	—	t	3699.72
42	镀锌薄钢板	δ0.5	t	4426.66
43	镀锌薄钢板	δ0.8～1.0	t	4396.11
44	热轧薄钢板	—	t	3705.41
45	钢板垫板	δ1～2	t	4954.18
46	盲板	钢板δ2	kg	3.71
47	冷拔无缝钢管	D50	t	4246.38
48	热轧一般无缝钢管	（综合）	t	4558.50
49	废钢	—	t	1735.36
50	输料管接头	加工件	kg	12.76
51	不锈钢丝	—	kg	28.01
52	圆钉	D70	kg	6.39
53	钢销钉	16×55	kg	7.21
54	镀锌钢丝网	20×20×1.6	m²	13.63

序号	材 料 名 称	规 格	单 位	单 价 （元）
55	电焊条	E4303 $D3.2$	kg	7.59
56	螺栓	M16	kg	8.72
57	螺杆	加工件	kg	8.42
58	螺帽	—	个	0.24
59	钢垫片	0.8	kg	8.87
60	钢吊挂垫片	1.5	kg	6.49
61	开口销	$D16 \times 55$	个	1.08
62	挂钩	—	kg	7.12
63	磷酸	85%	kg	4.93
64	水玻璃	—	kg	2.38
65	红土	—	kg	4.36
66	氧气	—	m^3	2.88
67	乙炔气	—	kg	14.66
68	氟硅酸钠	—	kg	7.99
69	氢氧化铝	38%	kg	5.69
70	碳化硅粉	TH180～280	kg	8.16
71	滑石粉	—	kg	0.59
72	石膏粉	特制	kg	0.94
73	白乳胶	—	kg	7.86
74	胶粘剂	$1^{\#}$	kg	28.27
75	煤	—	t	527.83
76	焦炭	—	kg	1.25
77	煤油	—	kg	7.49
78	黄干油	—	kg	15.77
79	包装布	—	m^2	7.87
80	油毛毡	400g	m^2	2.57
81	塑料薄膜	—	m^2	1.90

序号	材 料 名 称	规 格	单 位	单 价（元）
82	聚乙烯薄膜	—	m²	2.98
83	塑料平板	PVC	m²	13.99
84	聚酯乙烯泡沫塑料	—	kg	10.96
85	细缝糊	—	kg	1.98
86	石墨条	—	kg	7.47
87	水	—	m³	7.62
88	电	—	kW·h	0.73
89	卤水块	—	kg	1.35
90	石墨粉	—	kg	7.01
91	发泡苯乙烯	—	kg	20.02
92	碳化硅砂轮片	$D400 \times 25 \times (3 \sim 4)$	片	19.64
93	金刚石砂轮片	$D400$	片	21.86
94	金刚石砂轮片	$D600$	片	32.42
95	碳化硅砂轮	$D290 \times 185$	个	131.53
96	油纸	—	m²	2.86
97	黄板纸	—	m²	1.47
98	卡扣	—	kg	12.01
99	混合液	—	kg	0.95
100	冷却液	—	kg	6.66
101	添加剂	—	kg	12.27
102	高压风管	$D13$	m	37.42
103	高压风管	$D50$	m	51.92
104	石棉编绳	$D10$ 烧失量24%	kg	19.22
105	橡胶板	—	kg	11.26
106	塑料浪板	PVC	m²	38.27
107	黑胶布	$20mm \times 20m$	卷	2.74
108	管接头	—	kg	9.72

附录二 施工机械台班价格

说 明

一、本附录机械不含税价格是确定预算基价中机械费的基期价格,也可作为确定施工机械台班租赁价格的参考。

二、台班单价按每台班8小时工作制计算。

三、台班单价由折旧费、检修费、维护费、安拆费及场外运费、人工费、燃料动力费和其他费组成。

四、安拆费及场外运费根据施工机械不同分为计入台班单价、单独计算和不计算三种类型。

1.工地间移动较为频繁的小型机械及部分中型机械,其安拆费及场外运费计入台班单价。

2.移动有一定难度的特、大型(包括少数中型)机械,其安拆费及场外运费单独计算。单独计算的安拆费及场外运费除应计算安拆费、场外运费外,还应计算辅助设施(包括基础、底座、固定锚桩、行走轨道枕木等)的折旧、搭设和拆除等费用。

3.不需安装、拆卸且自身能开行的机械和固定在车间不需安装、拆卸及运输的机械,其安拆费及场外运费不计算。

五、采用简易计税方法计取增值税时,机械台班价格应为含税价格,以"元"为单位的机械台班费按系数1.0902调整。

施工机械台班价格表

序号	机 械 名 称	规 格 型 号	台班不含税单价 （元）	台班含税单价 （元）
1	风动凿岩机	手持式	12.25	12.90
2	颚式破碎机	250×400	304.16	314.22
3	汽车式起重机	8t	767.15	816.68
4	叉式起重机	3t	484.07	517.65
5	电动双梁起重机	5t	190.91	208.13
6	少先吊	1t	197.91	200.21
7	载货汽车	4t	417.41	447.36
8	卷扬机	带40m塔 50kN	242.92	250.11
9	电动葫芦	单速 2t	31.60	35.10
10	皮带运输机	10m	303.30	308.48
11	涡桨式混凝土搅拌机	350L	288.91	299.89
12	灰浆搅拌机	200L	208.76	210.10
13	筛砂机	—	220.87	224.34
14	木工圆锯机	D500	26.53	29.21
15	木工带锯机	D1250	191.00	216.48
16	木工平刨床	D500	23.51	26.12
17	卧式铣床	400×1600	254.32	261.57
18	立式钻床	D25	6.78	7.64
19	摇臂钻床	D25	8.81	9.91
20	剪板机	13×2500	283.48	294.70
21	卷板机	20×2500	273.51	283.68
22	联合冲剪机	16mm	354.85	362.92
23	半自动切割机	100mm	88.45	98.59

序号	机 械 名 称	规 格 型 号	台班不含税单价（元）	台班含税单价（元）
24	切砖机	5.5kW	32.04	35.03
25	磨砖机	4kW	22.61	24.51
26	中频感应炉	250kW	40.89	46.37
27	喷砂除锈机	3m³/min	34.55	38.31
28	旋片式喷涂机	—	89.36	97.42
29	纤维喷涂机	—	81.83	89.21
30	校直机	—	28.53	32.35
31	电动多级离心清水泵	D50	51.94	57.53
32	泥浆泵	D50	43.76	48.59
33	真空泵	204m³/h	59.76	66.43
34	柱塞压浆泵	—	78.15	85.20
35	交流弧焊机	21kV·A	60.37	66.66
36	直流弧焊机	20kW	75.06	83.12
37	电动空气压缩机	10m³/min	375.37	421.34
38	鼓风机	18m³/min	41.24	44.90
39	轴流风机	7.5kW	42.17	46.69
40	离心通风机	335m³/min	85.70	96.00
41	炭砖研磨机	—	112.07	122.18
42	金刚石磨光机	—	35.27	38.45
43	箱式加热炉	45kW	121.34	136.85
44	混捏加热炉	1000L	93.99	102.47
45	吸尘器	—	2.97	3.24
46	压炭胶机	—	149.99	163.52
47	真空吸盘	—	49.46	53.92

附录三 常用耐火（隔热）制品密度表

常用耐火（隔热）制品密度表

制 品 名 称	牌号或规格	密　度（t/m³）	制 品 名 称	牌号或规格	密　度（t/m³）
硅藻土隔热砖	GG-0.4	0.40	高铝质隔热耐火砖	LG-0.4	0.40
	GG-0.5	0.50		LG-0.5	0.50
	GG-0.6	0.60		LG-0.6	0.60
	GG-0.7a	0.70		LG-0.7	0.70
	GG-0.7b	0.70		LG-0.8	0.80
黏土质隔热耐火砖	NG-0.4	0.40		LG-0.9	0.90
	NG-0.5	0.50		LG-1.0	1.00
	GG-0.6	0.60	漂珠砖	PG-0.5	0.50
	NG-0.7	0.70		PG-0.7	0.70
	NG-0.8	0.80		PG-0.9	0.90
	NG-0.9	0.90	氧化铝空心球砖	一级品	1.20
	NG-1.0	1.00		二级品	1.40
	NG-1.3a	1.30		三级品	1.60
	NG-1.3b	1.30	泥土质耐火砖	N-1	2.00
	NG-1.5	1.50		N-2a	2.15
硅质隔热耐火砖	QG-0.4	0.40		N-2a	2.15
	QG-0.6	0.60		N-3a	2.10
	QG-0.8	0.80		N-3b	2.10
	QG-1.0	1.00		N-4	2.10
	QG-1.2	1.20		N-5	2.10
氧化铝隔热砖		0.60		N-6	2.06

制 品 名 称	牌 号 或 规 格	密 度 (t/m³)	制 品 名 称	牌 号 或 规 格	密 度 (t/m³)
高炉前黏土质耐火砖	GN-41	2.20	热风炉用高铝砖	RL-48	2.30
	GN-42	2.20		RL-55	2.45
热风炉用黏土质耐火砖	RH-36	2.10		RL-65	2.60
	RH-40	2.15	电炉炉顶高铝砖	DL-48	2.30
	RH-42	2.20		DL-55	2.45
玻璃窑用大型黏土砖	BN-40	2.15		DL-65	2.85
玻璃窑用耐碱黏土砖		2.10	抗剥落高铝砖		2.85
玻璃窑用底气孔黏土砖		2.10	磷酸盐结合高铝砖	P-80	2.65
硅砖	GZ-93	1.90		PA-80	2.70
	GZ-94	1.90		PA-80	2.80
焦炉用硅砖	JG-94	1.90	莫来石砖		2.85
玻璃窑用硅砖	BG-94	2.10	红柱石砖		2.89
	BG-95	2.10	硅线石砖		2.55
平炉炉顶用硅砖	PG-95	2.10	镁砖	NZ-87	2.80
半硅砖		2.00		NZ-89	2.90
高铝砖	LZ-48	2.30	镁碳砖	MT-12A	2.85
	LZ 55	2.45		MT 12B	2.80
	LZ-65	2.60		MT-12C	2.75
高炉用高铝砖	GL-48	2.40	电熔镁碳砖		3.15
	GL-55	2.60	树脂结合镁碳砖		3.15
	GL-65	2.80	电熔镁砖		3.00

制　品　名　称	牌号或规格	密　度 （t/m³）	制　品　名　称	牌号或规格	密　度 （t/m³）
镁硅砖	MGZ-82	2.80	氧化铝空心球		1.40
镁铝砖	ML-80	3.00	硅酸铝纤维毡		0.20
镁铬砖	MGe-8	2.80	高铝纤维毡		0.32
	MGe-12	3.00	耐火喷涂料	FN-130	1.65
炭砖（块）	成品	1.60		FN-140	1.95
碳化硅砖		2.60	耐火可塑料		2.20
铝碳化硅砖		2.85	粗缝糊	THC-1	1.65
刚玉砖	烧结型	3.10	阳极糊	THY-1	1.38
电熔刚玉砖		3.10	碳素捣打料	BFD-S10	1.80
2B刚玉砖		3.20	刚玉质耐火捣打料		3.20
电熔锆刚砖		3.30	碳化硅质耐火捣打料		2.80
锆英石砖	ZS-Z	3.30	高铝质耐火捣打料		2.60
	ZS-G	3.80	岩棉		0.15
电熔玄武岩板		2.65	珍珠岩		0.12
石墨块		1.72	硅酸钙板	220#	0.22
焦油白云石砖		2.80	黏土陶粒	统料	0.70
石英砖		2.10	红砖		1.80
堇青石砖	结合黏土质	2.05	石棉板		1.00
	结合高铝质	2.40	水渣		0.50
缸砖		2.20	干砂		1.50
耐碱隔热砖		1.70	沥青		1.25

附录四 工业炉常用面积与体积计算公式表

工业炉常用面积与体积计算公式表

名　称	图　形	符　号	面积 F 与体积 V
梯形		a－下底长； b－上底长； h－高	$F=\dfrac{1}{2}(a+b)h$
菱形		D－长对角线长； d－短对角线长	$F=\dfrac{1}{2}Dd$
正多边形		n－边数； a－边长； r－边心距； α－$2\pi/$边数； R－外接圆半径	$F=\dfrac{1}{2}nar=\dfrac{1}{2}nR^2\sin\alpha$
圆环		D－外圆直径； d－内圆直径； R－外圆半径； r－内圆半径	$F=\dfrac{1}{4}\pi(D^2-d^2)$ $=\pi(R^2-r^2)$ $=\pi D_{平均}\times$环宽

名　称	图　形	符　号	面积 F 与体积 V
圆形		D－直径； r－半径	$F = \pi r^2 = \dfrac{1}{4} \pi D^2$ $L(圆周长) = \pi D = 2\pi r$
缺圆环		R－外半径； r－内半径； α－中心角	$F = \dfrac{\alpha\pi}{4 \times 360°}(D^2 - d^2)$ $= \dfrac{\alpha\pi}{360°}(R^2 - r^2)$ $= \pi D_{平均} \times 环宽 \times \dfrac{\alpha}{360°}$
椭圆环		a－外椭圆长半轴； a_1－内椭圆长半轴； b－外椭圆短半轴； b_1－内椭圆短半轴	$F = \pi(ab - a_1 b_1)$
抛物线		－	$F = \dfrac{2}{3} bh$

名　称	图　形	符　号	面积 F 与体积 V
正立方体		a－边长	$V=a^3$
扇形		L－弧长； r－半径； α－圆心角	$F=\dfrac{1}{360°}\pi r^2\alpha$ $=\dfrac{1}{2}rL=0.008727r^2\alpha$ $L=\dfrac{1}{180°}\pi r\alpha$
弓形		L－弧长； r－半径； α－圆心角； h－凸起； a－弦长	$F=\dfrac{1}{2}r^2\,(a-\sin\alpha)$ $=\dfrac{1}{2}[Lr-a(r-h)]$ $h=r-\sqrt{r^2-\dfrac{a^2}{4}}$ $r=\dfrac{h}{2}+\dfrac{a^2}{8h}$
椭圆		a－长半轴； b－短半轴	$F=\pi ab$

名　称	图　形	符　号	面积 F 与体积 V
长立方体		a — 长； b — 宽； h — 高	$V = abh$
多角柱体		h — 柱高； F — 底面积	$V = Fh$
六角锥体		h — 高； F — 底面积	$V = \dfrac{1}{3} Fh$
三棱柱体		F — 三棱柱断面积； a、b、c — 三棱柱体的三条棱长	$V = \dfrac{F}{3}(a+b+c)$

名　称	图　形	符　号	面积 F 与体积 V
棱台		a、b一边长； h一高； F、F_0一上、下底面积	$V=\dfrac{h}{3}(F+F_0+\sqrt{FF_0})$
楔形体		b一楔形体的底宽； h一楔形体高； a、a_1、a_2一楔形体各棱长	$V=\dfrac{bh}{6}(a+a_1+a_2)$
球锥体 （球楔）		h一凸起； a一弦长的一半； r一半径	$V=\dfrac{2}{3}\pi r^2 h$ $F_{全}=\pi r(2h+a)$
弓形体 （球缺）		h一凸起； a一平切圆半径； r一半径	$V=\pi h^2\left(r-\dfrac{h}{3}\right)$ $=\dfrac{\pi}{6}h(3a^2+h^2)$ $F_{侧}=2\pi rh$　（不包括底面积）

名　称	图　形	符　号	面积 F 与体积 V
球截体 （球带体）		$r-$半径； $h-$拱高； $2a$、$2b-$平切圆直径	$V=\dfrac{\pi}{6}h(3a^2+3b^2+h^2)$ $F_{侧}=2\pi rh$ $r^2=a^2+\left(\dfrac{a^2-b^2-h^2}{2h}\right)^2$
圆台		$r-$上底半径； $R-$下底半径； $h-$高； $L-$母线长	$V=\dfrac{1}{3}\pi h(R^2+Rr+r^2)$ $F=\pi L(R+r)$
平截空心圆锥体		$\delta-$圆锥体厚度； D_1、D_2-下底外直径和内直径； d_1、d_2-上底外直径和内直径	$V=\dfrac{1}{2}\pi(D_1+d_2)h\delta$ $=\dfrac{1}{2}\pi(d_1+D_2)h\delta$
圆柱		$d-$直径； $h-$柱高	$V=\dfrac{1}{4}\pi d^2h$ $F_{侧}=\pi dh$

191

名　称	图　形	符　号	面积 F 与体积 V
斜切正圆柱		h、h_1 — 斜切正圆柱的高； r — 圆的底半径	$V = \dfrac{1}{2}\pi r^2\,(h + h_1)$ $F_{侧} = \pi r(h + h_1)$
隅角		r — 半径； a — 弦长	$F = \left(1 - \dfrac{\pi}{4}\right) r^2$ $= 0.2146 r^2$ $= 0.1073 a^2$
中空圆柱		h — 高； D、d — 外、内圆直径	$V = \dfrac{\pi}{4}(D^2 - d^2)\,h$ $= \pi h(R^2 - r^2)$
球		r — 球半径	$V = \dfrac{4}{3}\pi r^3$ $F = 4\pi r^2$

名　称	图　形	符　号	面积 F 与体积 V
抛物线体		$D-$ 直径； $R-$ 半径； $h-$ 高	$V=\dfrac{\pi}{2}R^2h=1.5708R^2h$ $=\dfrac{\pi}{8}D^2h=0.3927D^2h$
交叉的圆柱体		$r-$ 圆柱半径； L、L_1- 圆柱的长	$V=\pi r^2\left(L+L_1-\dfrac{2r}{3}\right)$ $=\pi r^2(L+L_1)-2.1r^3$
直通式 砖格子的用砖数		$N-$ 每层砖格子砖块数； $F-$ 砖格子室的横断面积（mm^2）； $S-$ 格孔尺寸； $d-$ 格子砖的厚度	$N=\dfrac{F}{(S+d)^2}$
桶状体		$D-$ 桶腹直径； $d-$ 桶底直径； $h-$ 桶高	$V=\dfrac{\pi h}{12}(2D^2+d^2)$ （母线是圆弧形，圆心是桶的中心） $V=\dfrac{\pi h}{15}\left(2D^2+Dd+\dfrac{3}{4}d^2\right)$ （母线是抛物线形）

名　称	图　形	符　号	面 积 F 与 体 积 V
椭圆体		a、b、c—椭圆体三个方向的半径	$V=\dfrac{4\pi}{3}abc$ $V_1=\dfrac{4\pi}{3}ab^2$ （绕 a-a 轴旋转时） $V_2=\dfrac{4\pi}{3}a^2b$ （绕 b-b 轴旋转时）
圆截面环 （圆环体）		R—环体半径； D—环体直径； r—环体断面半径； d—环体断面直径	$V=\pi^2Dr^2=\dfrac{1}{2}\pi^2Rd^2$ $F=4\pi^2Rr=\pi^2Dd$
正圆锥体		h—高； r—直径； L—母线长	$V=\dfrac{1}{3}\pi r^2h$ $F_{侧}=\pi rL=\pi r\sqrt{r^2+h^2}$
涡状线		n—卷数； p—螺距； L—涡状线长	$L=\pi n\dfrac{d+D}{2}$ $=\dfrac{\pi}{p}(R^2-r^2)$

名　称	图　形	符　号	面积 F 与体积 V
新月形		d - 直径； OO_1 - 圆心间的距离	$F=r^2\left(\pi-\dfrac{\pi\alpha}{180°}+\sin\alpha\right)=r^2P$ $P=\pi-\dfrac{\pi\alpha}{180°}+\sin\alpha$ P 值见下表

L	$\dfrac{d}{10}$	$\dfrac{2d}{10}$	$\dfrac{3d}{10}$	$\dfrac{4d}{10}$	$\dfrac{5d}{10}$	$\dfrac{6d}{10}$	$\dfrac{7d}{10}$	$\dfrac{8d}{10}$	$\dfrac{9d}{10}$
P	0.40	0.79	1.18	1.56	1.91	2.25	2.25	2.81	3.02

名　称	图　形	符　号	面积 F 与体积 V
正圆柱体的斜劈		r - 圆柱底的直径； r_1 - 圆斜劈底的弦长； h - 斜劈的高； d - bb' 弦至柱心距离； $\overset{\frown}{bab'}$ - 斜劈底弧长	$V=\dfrac{h}{r-d}\left(\dfrac{2}{3}r_1{}^3-d\cdot bab' \text{底面积}\right)$ $F_{侧}=\dfrac{h}{r-d}\left(2r\cdot r_1-d\cdot\overset{\frown}{bab'}\right)$

195

名　称	图　形	符　号	面积 F 与体积 V
正四面体	(四个三角形) (6条棱，4个顶点)	a — 棱长	$F=1.7320a^2$ $V=0.1179a^3$
正八面体	(八个三角形) (12条棱，8个顶点)	a — 棱长	$F=3.4641a^2$ $V=0.4714a^3$

附录五　泥（砂）浆用量换算表

水泥砂浆用量换算表

序　号			1	2	3	4	5	6	7	8
材　料	规　格	单位	水　泥　砂　浆			水　泥　石　灰　砂　浆		水　泥　耐　热　砂　浆		勾缝用水泥砂浆
			M10	M15	M5.0	M7.5	M5.0	配比 1	配比 2	1:1
普通硅酸盐水泥	325#	kg	354.00	290.00	229.00	229.00	229.00	230.00	751.00	871.00
沙子	细粒	m³	1.02	1.02	1.02	1.02	1.02	1.07	—	0.82
石灰		kg	—	—	81.30	—	—	—	—	—
黏土质水泥	NF-40细粒	kg	—	—	—	—	—	240.00	1400.00	—
水	—	t	0.30	0.30	0.30	0.40	0.40	0.40	0.40	0.30

水玻璃泥浆用量换算表

单位：m³

序　号			1	2	3	4
材　料	规　格	单位	配比 1	配比 2	配比 3	配比 4
黏土熟料粉	统料	kg	154.0	139.0	—	—
水玻璃	比重1.38	kg	24.0	24.0	23.0	19.0
黏土生料粉	—	kg	12.0	12.0	30.0	—
铁矾土	一级	kg	—	15.0	—	—
低温硅水泥	GF-90不分粒度	kg	—	—	—	190.0
黏土质水泥	NF-40细粒	kg	—	—	160.0	—
水	—	t	0.051	0.054	—	—

附录六 通用耐火砖形状尺寸

本附录适用于工业炉窑等热工设备通用耐火砖的形状及尺寸。

1.砖号及代号命名方法：

砖号中 T 表示通用砖的"通"字汉语拼音的第一个大写字母。T 字后的 Z、C、S、K 及 J 分别表示直形砖、竖楔形砖、宽楔形砖及拱脚砖的"直""侧""竖""宽"及"脚"字汉语拼音的第一个小写字母，短横线后为顺序号。

代号中 Z、C、S、K 及 J 分别表示直形砖、侧楔形砖、竖楔形砖及拱脚形砖的"直""侧""竖""宽"及"脚"字的汉语拼音的第一个大写字母。直形砖字母后砖长 a 的百位及十位数字，接着为砖厚 c 的十位数字。楔形砖字母为大小头距离 b 的百位及十位数字，接着为大头尺寸 a 及小头尺寸 a_1 的十位以上数字。数字末的 K 表示错缝宽砖"宽"字汉语拼音的第一个小写字母。拱脚砖字母后为斜面长 L 的百位及十位数字，接着为倾斜角 α 的十位数字。

2.耐火砖的名称、形状、砖号、代号、尺寸、规格及参数应符合直形砖表、侧楔形砖表、竖楔形砖表、宽楔形砖表及拱脚砖表的规定。

直 形 砖 表

形　状	砖　号	代　号	尺　寸　(mm)			规　格 $a \times b \times c$	体　积 (cm³)
			a	b	c		
	T_z-1	Z176	172	114	65	172×114×65	1274.5
	T_z-2	Z233	230	114	32	230×114×32	839.0
	T_z-3	Z236	230	114	65	230×114×65	1704.3
	T_z-4	Z236K	230	172	65	230×172×65	2571.4
	T_z-5	Z177	172	114	75	172×114×75	1470.6
	T_z-6	Z237	230	114	75	230×114×75	1966.5
	T_z-7	Z306	300	150	65	300×150×65	2925.0
	T_z-8	Z307	300	150	75	300×150×75	3375.0
	T_z-9	Z307K	300	225	75	300×225×75	5062.5

侧楔形砖表

形　状	砖　号	代　号	尺　寸　(mm)				规　格 $b \times a/a_1 \times c$	弯曲外半径 $\dfrac{ab}{a-a_1}$	每环极限块数 $\dfrac{2\pi b}{a-a_1}$	倾斜角 $\dfrac{180°(a-a_1)}{\pi b}$	体　积 (cm³)
			b	a	a_1	c					
	T_c-21	C1163	114	65	35	230	$114 \times 65/35 \times 230$	250.8	23.878	15°05′	1311.0
	T_c-22	C1164	114	65	45	230	$114 \times 65/45 \times 230$	376.2	35.814	10°03′	1442.1
	T_c-23	C1165	114	65	55	230	$114 \times 65/55 \times 230$	752.4	71.028	5°03′	1573.2
	T_c-24	C1174	114	75	45	230	$114 \times 75/45 \times 230$	288.8	23.870	15°05′	1573.2
	T_c-25	C1175	114	75	55	230	$114 \times 75/55 \times 230$	433.2	35.814	10°03′	1704.3
	T_c-26	C1176	114	75	65	230	$114 \times 75/65 \times 230$	866.4	71.628	5°02′	1835.4
	T_c-27	C1563	150	65	35	300	$150 \times 65/35 \times 300$	335.0	31.416	11°28′	2250.0
	T_c-28	C1564	150	65	45	300	$150 \times 65/45 \times 300$	502.5	47.124	7°38′	2475.0
	T_c-29	C1565	150	65	55	300	$150 \times 65/55 \times 300$	1005.0	94.248	3°49′	2700.0
	T_c-30	C1574	150	75	45	300	$150 \times 75/45 \times 300$	385.0	31.416	11°28′	2700.0
	T_c-31	C1575	150	75	55	300	$150 \times 75/55 \times 300$	577.5	47.124	7°38′	2925.0
	T_c-32	C1576	150	75	65	300	$150 \times 75/65 \times 300$	1155.0	94.248	3°49′	3150.0

注：弯曲外半径计算式分子中的 a 包括砌砖缝厚度，c 为 230mm 长的砖考虑 1mm, 而其余砖考虑 2mm。

竖楔形砖表

形 状	砖 号	代 号	尺 寸 （mm）				规 格 $b \times a/a_1 \times c$	弯曲外径半径 $\dfrac{ab}{a-a_1}$	每环极限块数 $\dfrac{2\pi b}{a-a_1}$	倾斜角 $\dfrac{180°(a-a_1)}{\pi b}$	体 积 （cm³）
			b	a	a_1	c					
	T_s-41	S2363	230	65	35	114	230×65/35×114	506.0	48.171	7°28′	1311.00
	T_s-42	S2364	230	65	45	114	230×65/45×114	759.0	72.257	4°59′	1442.10
	T_s-43	S2365	230	65	55	114	230×65/55×114	1518.0	144.573	2°30′	1573.20
	T_s-44	S2366	230	65	60	114	230×65/60×114	3036.0	289.027	1°15′	1638.75
	T_s-45	S2363K	230	65	35	172	230×65/35×172	506.0	48.171	7°28′	1978.00
	T_s-46	S2364K	230	65	45	172	230×65/45×172	759.0	72.257	4°59′	2175.80
	T_s-47	S2365K	230	65	55	172	230×65/55×172	1518.0	144.513	2°30′	2373.60
	T_s-48	S2374	230	75	45	114	230×75/45×114	582.7	48.171	7°28′	1573.20
	T_s-49	S2375	230	75	55	114	230×75/55×114	874.0	72.257	4°59′	1704.30
	T_s-50	S2376	230	75	65	114	230×75/65×114	1748.0	144.513	2°30′	1835.40
	T_s-51	S2377	230	75	70	114	230×75/70×114	2496.0	289.027	1°15′	1900.95
	T_s-52	S2374K	230	75	45	172	230×75/45×172	582.7	48.171	7°28′	2373.60
	T_s-53	S2375K	230	75	55	172	230×75/55×172	874.0	72.257	4°59′	2571.40
	T_s-54	S2376K	230	75	65	172	230×75/65×172	1749.0	144.513	2°30′	2769.20
	T_s-55	S2064	300	65	45	150	300×65/45×150	1005.0	94.248	3°49′	2475.00
	T_s-56	S2365	300	65	55	150	300×65/55×150	2010.0	188.496	1°55′	2700.00
	T_s-57	S3066	300	65	60	150	300×65/60×150	4020.0	376.991	57′	2812.50
	T_s-58	S3064K	300	65	45	225	300×65/45×225	1005.0	94.248	3°49′	3712.50
	T_s-59	S3065K	300	65	55	225	300×65/45×225	2010.0	188.496	1°55′	4050.00
	T_s-60	S3074	300	75	45	150	300×75/45×150	770.0	62.832	5°44′	2700.00
	T_s-61	S3075	300	75	55	150	300×75/55×150	1155.0	94.248	3°49′	2925.00
	T_s-62	S3076	300	75	65	150	300×75/65×150	2310.0	188.496	1°55′	3150.00
	T_s-63	S3077	300	75	70	150	300×75/70×150	4620.0	376.991	57′	3262.00
	T_s-64	S3074K	300	75	45	225	300×75/45×225	770.0	62.832	5°44′	4050.00
	T_s-65	S3075K	300	75	55	225	300×75/55×225	1155.0	94.248	3°49′	4387.50
	T_s-66	S3076K	300	75	65	225	300×75/65×225	2310.0	188.496	1°55′	4725.00

注：弯曲外半径计算式分子中的 a 包括砌砖缝厚度，c 为230mm长的砖考虑1mm,而其余砖考虑2mm。

宽楔形砖表

形　　状	砖号	代号	尺　寸　（mm）				规　格 $b \times a/a_1 \times c$	弯曲外半径 $\dfrac{ab}{a-a_1}$	每环极限块数 $\dfrac{2\pi b}{a-a_1}$	倾斜角 $\dfrac{180°(a-a_1)}{\pi b}$	体　积 （cm³）
			b	a	a_1	c					
	T_k-81	K23117	230	114	74	65	230×114/74×65	667	36.128	9°58′	1405.30
	T_k-82	K23119	230	114	94	65	230×114/94×65	1834	72.257	4°59′	1554.80
	T_k-83	K231110	230	114	104	65	230×114/104×65	3668	144.515	2°32′	1629.55

注：弯曲外半径计算式分子中的 a 包括2mm砌砖砖缝。

拱 脚 砖 表

形　　状	砖号	代号	尺　　寸　　（mm）						α	规　格 $L \times \alpha \times c$	体　积 （cm³）
			L	a	b	c	d	e			
	T_J-91	J116	114	114	132	230	33	57	60°	114×60°×230	2812.10
	T_J-92	J233	230	230	199	114	81	31	30°	230×30°×114	3913.34
	T_J-93	J234	230	230	199	114	36	67	45°	230×45°×114	3703.35
	T_J-94	K236	230	230	266	114	67	115	60°	230×60°×114	5670.10
	T_J-95	J303	300	345	199	73	49	85	30°	300×30°×73	3588.23
	T_J-96	J304	300	345	266	73	54	133	45°	300×45°×73	5058.74
	T_J-97	J306	300	230	333	73	74	80	60°	300×60°×73	4167.57

注：拱脚砖斜面长 L 尺寸为参考尺寸。

3. 辐射形耐火砌砖的计算补充件

利用本附录列入的耐火砖尺寸参数,辐射形耐火砌砖的计算更为简化。

(1)楔形砖与直形砖配合的辐射形砌砖的计算:

当计算中心角为 α 的辐射形砌砖的弯曲外半径 R 大于或等于所用楔形砖的弯曲外半径 R_0 时,楔形砖块数 $K_楔$ 可由其极限数 $K'_楔$ 直接求得。

$$K_楔 = \frac{\alpha K'_楔}{360°}$$

此时,与楔形砖的直形砖块数 K 值可由下式计算:

$$K_直 = \frac{\alpha(R-R_0)}{360°(\Delta R)_1}$$

式中:$(\Delta R)_1 = \frac{a}{2\pi}$ 为一块直形砖半径增大量,a 为包括砖缝厚度的直形砖的配砌尺寸。

本附录中各种直形砖半径增大量$(\Delta R)_1$见不同配砌尺寸的一块直形砖半径增大量与直形砖块数计算式表。

不同配砌尺寸的一块直形砖半径增大量与直形砖块数计算式表

直形砖配砌尺寸 a (mm)	一块直形砖半径增大量 $(\Delta R)_1$		直形砖块 R 值计算式	
	砖缝 1mm 时	砖缝 2mm 时	砖缝 1mm 时	砖缝 2mm 时
65	10.5	10.66	$K_直 = \frac{\alpha(R-R_0)}{3738}$	$K_直 = \frac{\alpha(R-R_0)}{3738.6}$
75	12.1	12.25	$K_直 = \frac{\alpha(R-R_0)}{4356}$	$K_直 = \frac{\alpha(R-R_0)}{4410}$
114	—	18.46	—	$K_直 = \frac{\alpha(R-R_0)}{6645.6}$

(2)两种楔形砖的辐射形砌砖的计算:

在两种楔形砖的辐射砌砖中,当所计算砌砖的弯曲外半径 R 在小弯曲外半径楔形砖弯曲半径 $R_小$ 与楔形砖弯曲外半径 $R_大$ 之间(即 $R_小 \leqslant R \leqslant R_大$),大弯曲半径楔形砖的块数 $K_大$ 及小弯曲半径楔形砖的块数 $K_小$ 按下式计算:

$$K_大 = \frac{\alpha(R-R_小)}{360°(\Delta R)'_{1大}}$$

$$K_小 = \frac{\alpha(R_大-R)}{360°(\Delta R)'_{1大}}$$

式中:$(\Delta R)'_{1大} = \frac{R_大-R_小}{K'_大}$,$(\Delta R)'_{1小} = \frac{R_大-R_小}{K'_小}$,$(\Delta R)'_{1大}$ 和 $(\Delta R)'_{1小}$ 分别为一块大弯曲半径楔形砖及小弯曲半径楔形砖的半径变化量($K'_大$ 及 $K'_小$ 分别为大弯曲半径楔形砖及小弯曲半径楔形砖的极限块数)。

相配砌的两种楔形砖的$(\Delta R)'_{1大}$及$(\Delta R)'_{1小}$,以及砖量计算式列入一块楔形砖半径变化量与砖量计算式表中。

一块楔形砖半径变化量与砖量计算式表

相 配 砌 两 种 楔 形 砖 的 规 格		一块楔形砖半径变化量		砖 量 计 算 式	
大 弯 曲 半 径 楔 形 砖	小 弯 曲 半 径 楔 形 砖	$(\Delta R)'_{1大}$	$(\Delta R)'_{1小}$	$K_大$	$K_小$
$114\times65/45\times230$	$114\times65/35\times230$	3.501	5.252	$K_大=\dfrac{\alpha(R-250.8)}{1260.36}$	$K_小=\dfrac{\alpha(376.2-R)}{1890.72}$
$114\times65/55\times230$	$114\times65/45\times230$	5.252	10.504	$K_大=\dfrac{\alpha(R-376.2)}{1890.72}$	$K_小=\dfrac{\alpha(752.4-R)}{3781.44}$
$114\times65/45\times230$	$114\times65/45\times230$	4.032	6.048	$K_大=\dfrac{\alpha(R-288.8)}{1451.52}$	$K_小=\dfrac{\alpha(433.2-R)}{2177.28}$
$114\times75/65\times230$	$114\times75/55\times230$	6.048	12.096	$K_大=\dfrac{\alpha(R-433.2)}{2177.28}$	$K_小=\dfrac{\alpha(866.4-R)}{4354.56}$
$150\times65/45\times230$	$150\times65/35\times300$	3.555	5.332	$K_大=\dfrac{\alpha(R-376.2)}{1890.72}$	$K_小=\dfrac{\alpha(752.4-R)}{3781.44}$
$150\times65/55\times300$	$150\times65/45\times300$	5.332	10.633	$K_大=\dfrac{\alpha(R-502.5)}{1919.52}$	$K_小=\dfrac{\alpha(1005-R)}{3838.68}$
$150\times75/55\times300$	$150\times75/45\times300$	4.085	6.128	$K_大=\dfrac{\alpha(R-385)}{1470.6}$	$K_小=\dfrac{\alpha(577.5-R)}{2206.08}$
$150\times75/65\times300$	$150\times75/55\times300$	6.128	12.255	$K_大=\dfrac{\alpha(R-577.5)}{2206.08}$	$K_小=\dfrac{\alpha(1156-R)}{4411.8}$
$230\times65/45\times114$	$230\times65/35\times114$	3.501	5.252	$K_大=\dfrac{\alpha(R-506)}{1260.36}$	$K_小=\dfrac{\alpha(759-R)}{1890.72}$
$230\times65/55\times114$	$230\times65/45\times114$	5.252	10.504	$K_大=\dfrac{\alpha(R-759)}{1890.72}$	$K_小=\dfrac{\alpha(1518-R)}{3781.44}$

相配砌两种楔形砖的规格		一块楔形砖半径变化量		砖 量 计 算 式	
大弯曲半径楔形砖	小弯曲半径楔形砖	$(\Delta R)'_{1大}$	$(\Delta R)'_{1小}$	$K_大$	$K_小$
230×65/60×114	230×65/55×114	5.252	10.504	$K_大=\dfrac{\alpha(R-1518)}{1890.72}$	$K_小=\dfrac{\alpha(3036-R)}{3781.44}$
230×75/55×114	230×75/45×114	4.031	6.047	$K_大=\dfrac{\alpha(R-582.7)}{1451.16}$	$K_小=\dfrac{\alpha(874-R)}{2176.90}$
230×75/65×114	230×75/55×114	6.048	12.096	$K_大=\dfrac{\alpha(R-874)}{2177.28}$	$K_小=\dfrac{\alpha(1748-R)}{4354.56}$
230×75/70×114	230×75/55×114	6.048	12.096	$K_大=\dfrac{\alpha(R-1748)}{2177.28}$	$K_小=\dfrac{\alpha(3496-R)}{4354.56}$
300×65/45×150	300×65/45×300	5.332	10.663	$K_大=\dfrac{\alpha(R-1005)}{1919.52}$	$K_小=\dfrac{\alpha(2010-R)}{3838.68}$
300×65/55×150	300×65/55×150	5.332	10.633	$K_大=\dfrac{\alpha(R-2010)}{1919.52}$	$K_小=\dfrac{\alpha(4020-R)}{3838.68}$
300×75/55×150	300×75/45×150	4.085	6.128	$K_大=\dfrac{\alpha(R-770)}{1470.6}$	$K_小=\dfrac{\alpha(1155-R)}{2206.08}$
300×75/65×150	300×75/55×150	6.128	12.255	$K_大=\dfrac{\alpha(R-1155)}{2206.08}$	$K_小=\dfrac{\alpha(2310-R)}{4411.8}$
300×75/70×114	300×75/65×114	6.128	12.255	$K_大=\dfrac{\alpha(R-2310)}{2206.08}$	$K_小=\dfrac{\alpha(4620-R)}{4411.8}$
230×114/94×65	230×114/74×65	9.231	18.462	$K_大=\dfrac{\alpha(R-667)}{3323.16}$	$K_小=\dfrac{\alpha(1334-R)}{6646.32}$
230×114/104×65	230×114/94×65	9.231	18.462	$K_大=\dfrac{\alpha(R-1334)}{3323.16}$	$K_小=\dfrac{\alpha(2668-R)}{6646.32}$

附录七　耐火制品的分型和定义

本附录适用于耐火制品的分型。

耐火制品按砖型复杂程度分为标型、普型、异型和特型制品。其定义如下：

一、黏土质耐火制品：

1. 标准制品：规定尺寸为230×114×65的为标型砖。

2. 普型制品：凡具有下述分型特征之一者,定名为普型制品。

(1)质量为2～8kg；

(2)厚度尺寸55～75mm；

(3)不多于4个量尺；

(4)大小尺寸比不大于4；

(5)不带凹角、沟、舌、孔、洞或圆弧。

3. 异型制品：凡具有下述分型特征之一者,定名为异型制品。

(1)质量为2～15kg；

(2)厚度尺寸45～95mm；

(3)大小尺寸比不大于6；

(4)凹角、圆弧的总数不多于2个；

(5)沟、舌的总数不多于4个；

(6)1个大于50°～75°的锐角。

4. 特型制品：凡具有下述分型特征之一者,定名为特型制品。

(1)质量为15～30kg；

(2)厚度尺寸为35～135mm,管状砖的长度尺寸不大于300mm；

(3)大小尺寸比不大于8；

(4)凹角、圆弧的总数不多于4个；

(5)沟、舌的总数不多于8个；

(6)1个30°～50°的锐角；

(7)不多于1个孔或洞。

二、高铝质耐火制品：

1. 标准制品：规定尺寸为230×114×65的为标型砖。

2.普型制品：凡具有下述分型特征之一者,定名为普型制品。

(1)质量为 2～10kg;

(2)厚度尺寸为 55～75mm;

(3)不多于 4 个量尺;

(4)大小尺寸比不大于 4;

(5)不带凹角、沟、舌、孔或圆弧。

3.异型制品：凡具有下述分型特征之一者,定名为异型制品。

(1)质量为 2～18kg;

(2)厚度尺寸为 45～95mm;

(3)大小尺寸比不大于 6;

(4)凹角、圆弧的总数不多于 2 个;

(5)沟、舌的总数不多于 4 个;

(6)1 个大于 50°～75° 的锐角。

4.特型制品：凡具有下述分型特征之一者,定名为特型制品。

(1)质量为 1.5～35kg;

(2)厚度尺寸为 35～135mm,管状砖的长度尺寸不大于 300mm;

(3)大小尺寸比不大于 8;

(4)凹角、圆弧的总数不多于 4 个;

(5)沟、舌的总数不多于 8 个;

(6)1 个 30°～50° 的锐角;

(7)不多于 1 个孔或洞。

三、硅质耐火制品:

1.标准制品：规定尺寸为 230×114×65 的为标型砖。

2.普型制品：凡具有下述分型特征之一者,定名为普型制品。

(1)质量为 2～6kg;

(2)厚度尺寸为 55～75mm;

(3)不多于 4 个量尺;

(4)大小尺寸比不大于 4;

(5)不带凹角、舌、孔或圆弧。

3.异型制品:凡具有下述分型特征之一者,定名为异型制品。

(1)质量为 3.5～18kg;

(2)厚度尺寸为 45～95mm;

(3)大小尺寸比不大于 6;

(4)凹角、圆弧的总数不多于 2 个;

(5)1 个大于 50°～75°的锐角;

(6)不多于 2 个孔或洞。

4.特型制品:凡具有下述分型特征之一者,定名为特型制品。

(1)质量为 3～35kg;

(2)厚度尺寸为 35～135mm;

(3)大小尺寸比不大于 8;

(4)凹角、圆弧的总数不多于 4 个;

(5)沟、舌的总数不多于 4 个;

(6)1 个 30°～50°的锐角;

(7)不多于 3 个孔或洞。

四、镁质耐火制品:

镁质耐火制品包括:镁砖和镁硅砖、镁铝砖、镁铬砖。

1.标准制品:规定尺寸为 230×114×65 的为标准砖。

2.普型制品:凡具有下述分型特征之一者,定为普型制品。

(1)质量为 4～10kg;

(2)厚度尺寸为 55～75mm;

(3)不多于 4 个量尺;

(4)大小尺寸比不大于 4;

(5)不带凹角、沟、舌、孔或圆弧。

3.异型制品:凡具有下述分型特征之一者,定名为异型制品。

(1)质量为 3.5～18kg;

(2)厚度尺寸为 45～95mm;

(3)大小尺寸比不大于 6;

(4)凹角、圆弧的总数不多于 2 个;

(5)1 个大于 50°～75°的锐角;

（6）不多于2个孔或洞。

4.特型制品：凡具有下述分型特征之一者,定名为特型制品。

（1）质量为3～35kg;

（2）厚度尺寸比不大于8;

（3）凹角、圆弧的总不多于4个;

（4）沟、舌的总数不多于4个;

（5）1个30°～50°的锐角;

（6）不多于3个孔或洞。

说明：

1.尺寸比例是指制品外形最大尺寸与最小尺寸之比。

2.下列尺寸不参加比例：①构成沟、舌、孔、洞、凹角、圆弧的尺寸；②沟、舌、孔、洞的定位尺寸及下图所示的33mm的尺寸；③子母口尺寸；④制品成型工艺所需要的截角、圆弧尺寸。

3.圆弧半径 $R \leqslant 10$mm,不作圆弧计算。

4.厚度尺寸系指制品成型受压方向的尺寸。

5.制品单重以成品的单重为准。

6.分型定义中,凡砖型特征有交叉的地方（如质量、尺寸、厚度等）,砖型类别按其他特征确定。

7.“凹角”（图a）、“圆弧状凹角”（图b）、“沟槽”（图c）图示如下：

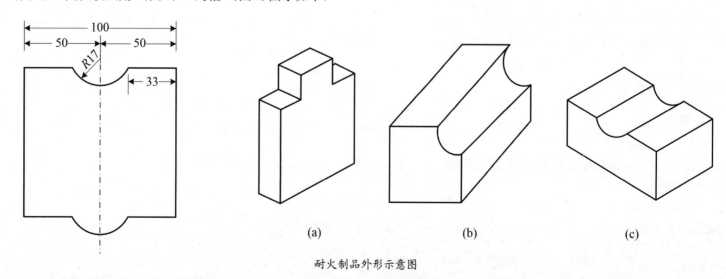

(a)   (b)   (c)

耐火制品外形示意图

附录八　隔热制品的分类和定义

一、硅藻土隔热制品：

砖的分型：

1. 标型：TZ-3 标型（230×144×65）。

2. 普型、异型、特型：凡具有下述分型特征之一者并体积在规定范围内，即分别为普型、异型、特型。

(1)普型：不多于 4 个量尺，外形尺寸比例不大于 1:4，不带凹角（包括圆弧状凹角，下同）沟槽、圆弧和孔眼，体积在 1400～2000cm³。

(2)异型：外形尺寸比例不大于 1:5，不多于 1 个沟槽，不带凹角和孔眼，弧状块最大弦长不大于 150mm，体积在 1400～2500cm³。

(3)特型：外形尺寸比例大于 1:6，不多于 2 个沟槽，1 个凹角，1 个孔眼，弧状块最大弦长不大于 160mm，体积在 1400～3000cm³。

3. 尺寸大于 300mm，体积小于 140cm³ 和大于 3000cm³，或超出特型条件的制品，其技术条件由供需双方协议确定。

二、黏土质隔热耐火砖：

砖的分型：

1. 标型：TZ-3 标型（230×114×65）。

2. 普型、异型、特型：凡具有下述分型特征之一者并体积在规定范围内，即分别为普型、异型、特型。

(1)普型：不多于 4 个量尺，外形尺寸比例不大于 1:4，不带凹角（包括圆弧状凹角，下同）沟槽、圆弧和孔眼，体积在 1000～2000cm³。

(2)异型：外形尺寸比例不大于 1:5，不多于 1 个凹角、1 个沟槽、1 个圆弧、1 个孔眼和 1 个 30°～50° 的角，体积在 1000～3000cm³。

(3)特型：外形尺寸比例不大于 1:6，不多于 3 个凹角、3 个沟槽、3 个圆弧、3 个孔眼和 1 个 30°～50° 的角，体积在 1000～5000cm³。

3. 尺寸大于 400mm，体积小于 1000cm³ 和大于 5000cm³，或超出特型条件的砖，其技术条件由供需双方协议确定。

三、高铝质隔热耐火砖：

砖的分型：

1. 标型：TZ-3 标型（230×114×65）。

2. 普型、异型、特型：凡具有下述分型特征之一者并体积在规定范围内，即分别为普型、异型、特型。

(1)普型：不多于 4 个量尺，外形尺寸比例不大于 1:4，不带凹角（包括圆弧状凹角，下同）、沟槽、圆弧和孔眼，体积在 1000～2000cm³。

(2)异型：外形尺寸比例不大于 1:5，不多于 1 个凹角、1 个沟槽、1 个圆弧、1 个孔眼和 1 个 50°～70° 的角，体积在 1000～3000cm³。

(3)特型：外形尺寸比例大于 1:6，不多于 3 个凹角、3 个沟槽、3 个圆弧、3 个孔眼和 1 个 30°～50° 的角，体积在 1000～5000cm³。

3. 尺寸大于 400mm，体积小于 1000cm³ 和大于 5000cm³，或超出特型条件的砖，其技术条件由供需双方协议确定。